· 电磁工程计算丛书 ·

# 高压开关柜内部燃弧压力效应仿真与应用

阮江军 黎 鹏 王 栋 著

国家自然科学基金委员会联合基金重点支持项目
"电力设备热点状态多参量传感与智能感知技术"
（U2066217）资助

科学出版社

北 京

## 内 容 简 介

本书提出基于电弧能量热等效的开关柜内部短路燃弧压力升计算方法，开展不同间隙距离、不同短路电流下封闭容器内部间隙的短路燃弧试验，获得封闭容器内部压力升与热转换系数 $k_p$ 的变化规律，验证计算方法的可行性。结合 7.2 kV 空气绝缘高压开关柜内部三相短路燃弧试验参数，分别对电缆室、断路器室和母线室发生内部短路燃弧时的压力升分布规律进行研究，分析不同的泄压盖开启条件下泄压通道的泄压效率，获得了泄压盖的安全开启角度。针对现有开关柜泄压盖开启压力较大、泄压通道对高压高温气流缺乏有效引导等问题，提出并柜条件下泄压通道改进设计方案并对其结构参数进行优化，实现了泄压通道与柜门的最优压力配合。为减少开关柜内部短路燃弧产生的高温高压气流对周围设备、建筑物和工作人员的影响，提出基于金属网格能量吸收器的热-力效应防护方法，分析泄压口附近安装金属网格能量吸收器时对气流温度和速度的减弱效果，并分析金属网格能量吸收器参数对防护效果的影响。

本书可作为高等院校高电压与绝缘技术专业研究生的参考书，也可供开关设备设计、运行与检修，以及开关柜制造厂的科研技术人员参考。

**图书在版编目（CIP）数据**

高压开关柜内部燃弧压力效应仿真与应用 / 阮江军，黎鹏，王栋著.
北京：科学出版社，2024.12.（电磁工程计算丛书）. -- ISBN 978-7-03
-080429-7

Ⅰ. TM591

中国国家版本馆 CIP 数据核字第 2024ZE9600 号

责任编辑：吉正霞　曾　莉 / 责任校对：高　嵘
责任印制：彭　超 / 封面设计：苏　波

科 学 出 版 社 出版
北京东黄城根北街 16 号
邮政编码：100717
http://www.sciencep.com

武汉精一佳印刷有限公司印刷
科学出版社发行　各地新华书店经销
*

2024 年 12 月第 一 版　开本：787×1092　1/16
2024 年 12 月第一次印刷　印张：11 3/4
字数：276 000

**定价：150.00 元**
（如有印装质量问题，我社负责调换）

# "电磁工程计算丛书"编委会

**主　编**：阮江军

**编　委**：（按博士入学顺序）

| | | | | | |
|---|---|---|---|---|---|
| 文　武 | 甘　艳 | 张　宇 | 彭　迎 | 杜志叶 | 周　军 |
| 魏远航 | 王建华 | 历天威 | 皇甫成 | 黄道春 | 余世峰 |
| 刘　兵 | 王力农 | 张亚东 | 刘守豹 | 王　燕 | 蔡　炜 |
| 吴　田 | 赵　淳 | 王　栋 | 张宇娇 | 罗汉武 | 霍　锋 |
| 吴高波 | 舒胜文 | 黄国栋 | 黄　涛 | 彭　超 | 胡元潮 |
| 廖才波 | 普子恒 | 邱志斌 | 刘　超 | 肖　微 | 龚若涵 |
| 金　硕 | 黎　鹏 | 詹清华 | 吴泳聪 | 刘海龙 | 周涛涛 |
| 杨知非 | 唐烈峥 | 张　力 | 邓永清 | 谢一鸣 | 杨秋玉 |
| 王学宗 | 何　松 | 闫飞越 | 牛博瑞 | | |

# 丛 书 序

电磁场作为一种新的能量形式，推动着人类文明的不断进步。电力已成为继"阳光、土壤、水、空气"四大要素之后出现的现代文明不可或缺的第五要素。与地球环境自然赋予的四大要素所不同的是，电力完全靠人类自我生产和维系，流转于各类电气与电子设备之间，其安全可靠性时刻受到自然灾害、设备老化、系统失控、人为破坏等各方面因素的影响。

电气设备用于电力的生产、传输、分配与应用，涵盖各个电压等级，种类繁多。从材料研制、结构设计、产品制造、运行维护至退役的全寿命过程中，电气设备都离不开电磁、温度/流体、应力、绝缘等各种物理性能的考核，它们相互耦合、相互影响。绝缘介质中的电场由电压（额定电压、过电压等）产生，受绝缘介质放电电压耐受值的限制。铁磁材料中的磁场由电流（工作电流、励磁电流等）产生，受铁磁材料的磁饱和限制。电流在导体中产生焦耳热损耗（铜耗），磁场在铁磁材料及金属结构中产生涡流损耗（铁耗），电压在绝缘介质中产生介质损耗（介损），这些损耗产生的热量通过传导、对流、辐射等方式向大气扩散，在设备中形成的温度场受绝缘介质的最高允许温度限制。电气设备在结构自重、外力（冰荷载、风荷载、地震）、电动力等作用下在设备结构中形成应力场，受材料的机械强度限制。绝缘介质在电场、温度、应力等作用下会逐渐老化，其绝缘性能不断下降，缩短电气设备的使用寿命。由此可见，电磁-温度/流体-应力-绝缘等多种物理场相互耦合、相互作用，构成电气设备的多物理场。在电气设备设计、制造过程中如何优化多物理场分布，在设备的运行与维护过程中如何感知各种物理状态，多物理场的准确计算成为共性关键技术。

我的博士生导师周克定教授是我国计算电磁学的创始人。在周老师的指导下，我开始从事电磁场计算方法的研究，1995年，我完成了博士学位论文《三维瞬态涡流场的棱边耦合算法及工程应用》的撰写，提出了一种棱边有限元-边界元耦合算法，其可以应用于大型汽轮发电机端部涡流场和电动力的计算，并基于此算法开发了一套计算软件。可当我信心满满地向上海电机厂、北京重型电机厂的专家推介这套软件时，专家们中肯地指出：发电机端部涡流损耗、电动力的计算结果虽然有用，但不能直接用于端部结构及通风设计，需要进一步结合端部散热条件计算温度场，结合绕组结构计算应力场。

1996年，我开始博士后研究工作，师从原武汉水利电力大学（现武汉大学）高电压与绝缘技术专业知名教授解广润先生，继续从事电磁场计算方法与应用研究，先后完成了高压直流输电系统自流接地极电流场和温度场耦合计算、交直流系统偏磁电流计算、输电线路绝缘子串电场分布计算、输电线路电磁环境计算、工频磁场在人体中的感应电流计算等课题研究。1998年，博士后出站后，我留校工作，继续从事电磁场计算方法的研究，在柳瑞禹教授、陈允平教授、孙元章教授、唐炬教授、董旭柱教授等学院领导和同事们的支持与帮助下，历经20余年，针对运动导体涡流场、直流离子流场、大规模并行计算、多物理场耦合计算、状态参数多物理场反演、空气绝缘强度预测等计算电磁学研究的热点问题，和课题组研究生同学们一起攻克了一个又一个难题，构建了电气设备电磁多物理场计算与状态反演的共性关键技术体系。研究成果"电磁多物理场分析关键技术及其在电工装备虚拟设计与状态评估的应用"获 2017 年湖北省科学技术进步奖一等奖。

电气设备电磁多物理场数值计算在电气设备设计制造及状态检测中正发挥着越来越重要的作用，电气设备研制单位应积极引进电磁多物理场计算方面的人才，提升设计制造水平，提升我国电气设备在国际市场的竞争力。电网企业应积极推进以电磁多物理场计算为基础的电气设备智能感知方面的科技成果转化，提升电气设备的智能运维水平。更为关键的是，应加快我国具有自主知识产权的电磁多物理场分析软件平台建设，尽量摆脱对国外商业软件的依赖，激发并保持科技创新活力。

本丛书的编委全部是课题组培养的博士研究生，各专题著作的主要内容源自他们的博士学位论文。尽管还有部分博士和硕士生的研究成果没有被本丛书收编，但他们为课题组长期坚持电磁多物理场研究提供了有力的支撑和帮助，在此一并致谢！还应该感谢长期以来国内外学者对本课题组撰写的学术论文、学位论文的批评、指正与帮助，感谢科技部、国家自然科学基金委员会，以及电力行业各企业单位给课题组提供的相关科研项目资助，为课题组开展电磁多物理场研究与应用提供了必要的支持。

编写本丛书的宗旨在于：系统总结课题组多年来关于电气设备电磁多物理场的研究成果，形成一系列有关电气设备优化设计与智能运维的专题著作，以期对从事电气设备设计、制造、运维工作的同行们有所启发和帮助。在丛书编写过程中虽然力求严谨、有所创新，但不足之处也在所难免。"嘤其鸣矣，求其友声"，恳请读者不吝指教，多加批评与帮助。

谨为之序。

阮江军

2023 年 9 月 10 日于武汉珞珈山

# 前　言

高压开关柜是配电网重要的控制和保护设备，其安全稳定运行对供电的可靠性和安全性至关重要，而时有发生的内部短路燃弧爆炸事故严重威胁着设备、建筑物和工作人员的安全。目前，主要通过型式试验手段评价开关柜抵御内部短路燃弧引起过压力的能力，但试验研究周期长、成本高，且只能对柜体的机械强度进行定性校核，难以定量揭示短路燃弧产生的压力效应对柜体的影响程度。开关柜内部短路燃弧爆炸涉及复杂的物理、化学过程，对电弧等离子体参数的高维非线性难以建立燃弧的数值仿真模型。为此，本书提出电弧能量热等效的简化思路，建立开关柜内部短路燃弧的压力升仿真计算模型，采用数值方法分析隔室内部的压力升分布规律，提出泄压通道优化设计方案及热-力效应防护方法，对指导开关柜结构设计、运维管理，以及降低试验成本具有重要意义。

本书共分 7 章。第 1 章综述开关柜内部短路燃弧计算的国内外研究现状。第 2 章阐述开关柜内部短路燃弧产生的热-力效应和能量的传递机制，提出基于电弧能量热等效的压力升计算模型。第 3 章结合封闭容器内部短路燃弧的电弧电流、弧压和压强等试验数据，分析弧压随电弧电流、间隙距离和压强等因素的变化规律，以及内部压力升随燃弧时间、电弧功率和电弧能量的变化规律，分析不同试验条件下 $k_p$ 的变化规律，确定开关柜内部短路燃弧压力升仿真计算中 $k_p$ 的取值。第 4 章根据空气绝缘高压开关柜内部短路燃弧试验参数，分析各隔室电压和短路燃弧功率随时间的变化规律，建立开关柜内部三相短路燃弧计算简化模型，通过压力升对比验证简化模型的有效性。第 5 章计算分析封闭条件下压力波在壁面附近、拐角处的反射与叠加效应，计算泄压盖在不同开启数量和角度下的泄压效率，给出各隔室泄压盖的安全开启角度。第 6 章提出开关柜泄压通道改进设计方案，以柜门压力升峰值、冲量和泄压通道体积最小为目标对结构参数进行了优化，仿真计算验证了泄压通道优化设计的可行性。第 7 章提出基于金属网格能量吸收器的热-力效应防护方法，构建金属网格能量吸收器的等效数学模型，仿真验证金属网格能量吸收器对热-力效应的防护效果，并分析相关参数的影响。

本书提出的开关柜内部短路燃弧的压力升仿真计算方法可为开关柜泄压通道设计、安全防护和优化提供有益参考。

限于作者水平，书中难免存在不妥之处，恳请读者批评指正。

作　者

2024 年 9 月于武汉

# 目 录

# 第 1 章

## 绪　论

# 1.1　开关柜内部短路燃弧的破坏效应

高压户内交流金属封闭开关设备（简称"开关柜"）作为输配电系统中装用量大、使用范围广的电气设备，集断路器、互感器、避雷器、接地开关、监测装置、保护装置等于一体，用于关合、开断电力线路以及线路故障保护、运行数据监测等，其安全可靠运行直接影响电力系统的安全稳定性能。随着用户对供电质量和供电可靠性的要求越来越高，对高压开关柜的质量及可靠性也提出了更高的要求。

2013～2014 年某省高压开关柜一般故障和严重故障（柜体损坏或报废）分布如图 1.1 所示，由绝缘和过热引起的一般故障占总故障数的 28%，而在严重故障中，两者的占比达到 99%[1]。绝缘、过热、操作机构等故障均可能导致柜体绝缘间隙被击穿，引起电弧故障（短路燃弧爆炸），后果严重[2-3]。尽管高压开关柜内部电弧故障问题日益得到重视[4-5]，但由开关柜内部短路燃弧引发的事故仍较多。据不完全统计，全国平均每年因电弧故障烧毁的开关柜多达 200 多面[6]，在农村配电网中，电弧故障率高达 12%[7]。德国精密机械和电工技术职业协会的事故统计表明，内部电弧故障约占总故障数的 25%[8]。

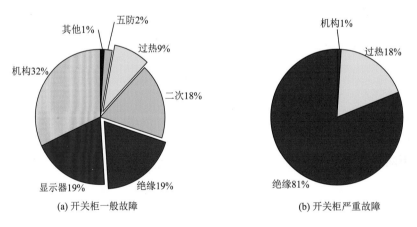

(a) 开关柜一般故障　　　　　(b) 开关柜严重故障

图 1.1　高压开关柜一般故障和严重故障分布

《3.6 kV～40.5 kV 交流金属封闭开关设备和控制设备》（GB/T 3906—2020）给出了开关柜内部易发生电弧故障的部位、原因及可以采取的预防措施[9]，具体如表 1.1 所示。可见，开关柜内部所有隔室均有可能发生短路燃弧事故，产生的原因较多，包括设计不当、安装错误、绝缘缺陷、误操作、维护不良、异物进入及过电压等。虽然开关柜内部短路燃弧事故受到广泛关注，并有较多预防措施被提出，但仍无法完全避免。

表 1.1　开关柜内部易发生电弧故障（短路燃弧爆炸）的部位、原因及预防措施

| 易发生故障的部位 | 内部故障原因 | 预防措施 |
|---|---|---|
| 电缆室 | 设计不当 | 合理地选择尺寸和材料 |
| | 安装错误 | 避免电缆交叉；质量检查 |
| | 绝缘缺陷 | 检查产品设计工艺；开展绝缘特性试验 |
| 接地开关 | 误操作 | 加联锁装置，增设五防功能；提高接地开关的关合能力 |
| 螺栓、触头连接部位 | 腐蚀 | 使用防腐蚀的覆盖层/油脂；金属镀层；对关键部位进行封闭处理 |
| | 装配不当 | 检查设计工艺；施加合适的预紧力 |
| 互感器 | 铁磁谐振 | 改进电路设计，防止出现谐振现象 |
| | 电压互感器二次侧短路 | 增设保护盖、低压熔断器等，避免短路 |
| 断路器 | 维护不良 | 按规程对机构等部位进行定期维护 |
| 所有部位 | 维护人员的失误 | 用遮栏限制维护人员靠近；带电部分采用绝缘材料包裹 |
| | 电场作用下的老化 | 出厂开展局部放电试验 |
| | 污秽物、潮气和小动物等进入 | 采用充气封闭隔室 |
| | 过电压 | 增设防雷保护措施；优化绝缘配合；进行绝缘特性试验 |

　　开关柜发生内部短路燃弧故障时，电弧的功率高达数十兆瓦，其能量释放过程与爆炸类似，释放的能量与燃弧时间以及电弧功率成正比，其产生的破坏效应包括压力效应、热效应、辐射和声响效应等[10]。

　　电弧瞬间释放巨大能量，柜体内部空气受热后压强快速上升，于柜壁表面产生冲击波载荷作用。该冲击波载荷作用时间短、幅值大，巨大的压应力造成柜体变形、结构受损。当柜体外壳、固定螺栓达到材料的极限应力时，柜体爆裂。当柜体内部的高温高压气体从泄压通道或柜体裂缝释放时，将对周围建筑物、设备及工作人员造成巨大伤害。同时，柜体内部的绝缘材料受热还可能分解出有毒气体，给周围工作人员带来较大伤害[11]。如图 1.2 所示，在开关柜内部电弧故障产生的冲击力作用下，某变电站墙面发生严重损毁[12]，图 1.3 中出现了多面开关柜同时烧毁的情况。

(a) 墙体

(b) 燃弧隔室

(c) 开关柜壳体

图 1.2　开关柜内部电弧故障的危害

图 1.3　多面开关柜同时烧毁

为抑制开关柜内部燃弧爆炸力的破坏效应，IEC 62271-200：2021 EN-FR、IEEE Std C37.20.7™—2017 等，对开关柜型式试验中的内部故障电弧试验作了明确要求[13-15]；GB/T 3906—2020 和 IEC 62271-200：2021 EN-FR 中，均将内部燃弧试验列为强制性型式试验[9, 13]，即对于内部电弧级开关设备和控制设备（internal arc classified switchgear and controlgear，IAC）必须开展内部燃弧试验。目前，针对高压开关柜故障电弧采用的保护主要包括：变压器后备过流保护、馈线速断保护闭锁的变压器过流保护及弧光保护等，这三种保护典型的故障切除时间分别达到 1～1.4 s、350～450 ms 和 50～65 ms[16-19]，最快切除故障电弧时间均大于 50 ms，因此，泄压通道的泄压能力成为确保柜体安全的关键。

## 1.2　国内外研究现状

### 1.2.1　开关柜内部短路燃弧压力升计算方法

开关柜内部短路燃弧引起压力效应的数值计算方法主要包括：标准计算法（standard calculation method，SCM）、改进标准计算法（improved SCM，ISCM）、射线追踪计算法（ray-tracing calculation method，RTCM）、计算流体动力学（computational fluid dynamics，CFD）法和磁流体动力学（magneto-hydrodynamics，MHD）法[20-24]。

1. SCM

SCM 主要依据能量守恒定律和理想气体定律，在假设气体参数恒定、电弧能量均匀输入的情况下，封闭隔室内部的整体压力升可由式（1.1）确定：

$$\mathrm{d}p = \frac{R}{M \cdot c_V} \cdot \frac{k_p \cdot P_{\mathrm{arc}} \cdot \mathrm{d}t}{V} \tag{1.1}$$

式中：$R$ 为摩尔气体常数；$M$ 为气体摩尔质量；$c_V$ 为恒定体积下气体的比热容；$k_p$ 为热转换系数；$P_{arc}$ 为电弧功率；$t$ 为燃弧时间；$V$ 为隔室体积。

## 2. ISCM

在隔室内，电弧燃烧加热周围气体，可能会达到气体的离解温度，这时气体的相关参数如比热容等，会随温度 $T$ 和压强 $p$ 的变化而改变。在 SCM 的基础上，对气体模型进行改进。封闭隔室内部的整体压力升可通过式（1.2）计算：

$$\mathrm{d}p = \frac{R}{M(p,T) \cdot c_V(p,T)} \cdot \frac{k_p \cdot P_{arc} \cdot \mathrm{d}t}{V} \tag{1.2}$$

ISCM 适用于与 SCM 相同的情况，但对其具体的适用容器类型及尺寸还需开展进一步研究[25]。由于 ISCM 使用了更接近实际的气体模型，其计算准确度有所提高。

## 3. RTCM

基于射线追踪技术[20, 26]，认为压力源发射出的压力分子具有其固有的属性[22]，每一个压力分子均代表隔室内部的压力升。这些压力分子从电弧区域开始，携带能量以声速向外传播，当遇到壁面等障碍物时，会以一定的反射系数发生反射（壁面会吸收一部分能量）。通过某位置压力分子的实际密度可计算出该位置的压力升随时间的变化规律，其原理如图 1.4 所示。当压力分子传播至泄压口时，正压力分子变为负压力分子反射至隔室内部继续传播，相当于隔室内部的压力减小。

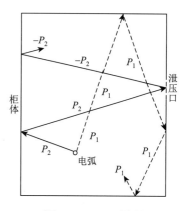

图 1.4　RTCM 原理

当隔室结构复杂、壁面较多时，压力分子的反射系数和传播速度难以确定，该方法的应用具有较大的局限性。

## 4. CFD 法

CFD 法基于流体动力学连续方程、动量方程、能量方程和气体状态方程等，采用有限元数值计算方法，对柜体内部的压力升分布进行计算，控制方程的守恒形式如式（1.3）所示[27]：

$$\frac{\partial}{\partial t}(\rho \Phi) + \nabla \cdot (\rho \boldsymbol{v} \Phi) = \nabla \cdot (\Gamma_\Phi \nabla \Phi) + S_\Phi \tag{1.3}$$

式中：$\rho$ 为气体密度；$\Phi$ 为考虑的守恒变量（如质量、动量、焓）；$\boldsymbol{v}$ 为气体流速；$\Gamma_\Phi$ 为相应于 $\Phi$ 的扩散系数；$S_\Phi$ 为相应于 $\Phi$ 的源项。

式（1.3）又称为非稳态的对流-扩散方程。

## 5. MHD 法

MHD 法基于局部热平衡（local thermal equilibrium，LTE）假设，将电弧等离子体作为可导电的连续流体介质，通过耦合求解电磁场控制方程、气流场控制方程，结合热辐射模型和湍流模型，实现开关柜内部热-力效应分布的求解。

由于开关柜尺寸较大、结构复杂，压力波的传播时间不能被忽略，各部位的压力差异较大。特别是柜壁和柜体拐角处，会出现压力波的反射和叠加效应，压力波动较大，SCM、ISCM、RTCM 等方法应用均有较大局限性。而 MHD 法考虑了电弧本身的物理过程，可获得较为准确的温度和压力分布，但计算量较大，很难应用于实际开关柜的短路燃弧模拟。

所以，对于高压开关柜内部短路燃弧压力效应的研究应采用 CFD 法，需解决以下问题。

（1）在短路燃弧爆炸的过程中，电弧等离子体本身是极不稳定的，涉及复杂的物理、化学过程，数值模型难以建立。

（2）开关柜结构复杂，按照实际结构建立有限元数值模型，将形成巨量的剖分网格，计算困难。Fjeld 等[28]提出利用缩比模型预测大尺寸模型内部短路燃弧压力升的可行性，认为当单位体积的电弧能量固定时，隔室内的压力效应保持不变，但缺乏实际开关柜的试验验证。

（3）有学者提出热转换系数 $k_p$（电弧能量转换为热量的百分比）的数值计算方法，并通过试验与仿真获得了 $k_p$ 的变化规律，但关于 $k_p$ 的取值目前仍无明确结论，不同学者在不同试验条件下获得的结果差异较大，且主要针对间隙距离 5 cm 及以下的短间隙。而实际开关柜发生内部电弧故障部位的间隙距离较大（10 cm 以上）。因此，有必要针对不同短路间隙距离下 $k_p$ 的取值开展进一步研究，为实际开关柜的仿真研究提供参考。

（4）现有研究主要集中在短路燃弧压力升的数值计算方面，关于压力波在容器内部的传播特性研究较少，是否形成理想空气典型冲击波仍无明确结论。而开关柜内部结构复杂，压力波的传播特性对压力分布的影响较大，应对压力波在柜体内部的传播特性开展相关研究。

## 1.2.2　电弧能量模型研究

电弧能量是开关柜内部短路燃弧爆炸压力效应数值计算的基础[27]，影响电弧能量的参数主要有电弧电流和电弧电压（简称弧压）。电弧电流一般已知，而弧压的随机性较大，其影响因素较多，与间隙类型、电流大小、电弧长度、电极材料、气体介质、隔室结构以及压强等有关[29-30]。Lowke[31]认为弧压与封闭容器内部的初始压强或密度有关，弧压有效值与气体密度或压强成正比。该参数的主要获取方法如下。

## 1. 黑盒模型[32]

黑盒模型中的参数需通过试验获得，对于实际开关柜内部短路燃弧的相关参数获取难度较大，且该模型主要应用于开放环境的燃弧，对开关柜封闭设备是否适用仍有待进一步研究。

## 2. 经验公式法

为了定量评价故障电弧对周围设备及工作人员的伤害，国外相关学者对电弧电压及能量计算开展了大量研究[33-36]。IEEE[37]给出了不同电压等级下封闭容器内部短路燃弧时的电弧电流与弧压等参数。Wilkins 等[34-36]通过对其中大量三相交流短路燃弧试验数据进行统计分析，提出了封闭容器中弧压的计算公式，但由于其是在特定试验条件下获得的，对于实际开关柜的适用性有限。

## 3. 试验法

通过实际试验获得间隙弧压的变化规律，并假设弧压在燃弧过程中为恒定值，如 Iwata 等[38]在开展试验获得弧压曲线后，假设弧压为 200 V。Fjeld 等[29]认为开关设备内部电弧电位梯度为 20~30 V/cm，对于长间隙电弧，可以假设弧柱电压降为固定值，但对于短间隙电弧并不适用。而 Kuwahara 等[39]认为，简单地将弧压当成固定值会使电弧温度偏高。开关柜内部结构复杂，电弧燃烧受多种因素的影响，对于不同燃弧条件下弧压的变化情况，还需开展相关研究。

## 4. 磁流体动力学[40-41]

通过建立实际电弧等离子体模型，考虑气流场、磁场等因素对电弧的作用，实现电弧的电磁-温度-流体场直接耦合求解，从而获得弧压随时间的变化规律。该方法与实际情况较为接近，能获得较为准确的弧压值，但其计算量较大，需要考虑的因素较多，如辐射模型的选择、金属的熔化、蒸发、化学反应等[42]，目前主要应用于简单的二维模型。

目前，大部分研究均将电弧电流看成稳定的正弦波，而实际发生电弧故障时，由于电弧的不稳定性，单相、多相电弧故障可能会交替出现[27, 43]，这时的电弧电流并非稳定的正弦波，所以电弧电流的选择应参考实测波形。同时，短路燃弧试验以开放环境为主，其与封闭容器内部弧压的大小关系仍无明确结论，如 Fjeld 等[29]认为容器内部的弧压约为空气中的 1.5 倍,而文献[37]认为空气中的弧压要高于封闭容器。开关柜内部发生短路燃弧爆炸现象时,柜体内部压强较大,电弧的运动特性与开放环境有明显差异[44]。因此,对封闭结构中的燃弧特性有待进一步研究。

笔者认为,在实际开关柜内部产生短路燃弧时,其电弧能量的分散性很大,难以准确获取或准确建模。事实上,对开关柜结构安全性及泄压通道有效性进行分析时,开关柜内部燃弧引起的压力分布的相对准确性更为重要,在各种随机电弧能量的作用下,隔室内部压力将泄压盖冲开的时刻,总是先于压力对柜门、柜壁破坏的时刻,从而发挥泄压盖的作用,保护临近设备及工作人员的安全。因此,从研究压力升抑制措施角度来看,电弧能量的分散性影响较小。

### 1.2.3    开关柜内部短路燃弧压力升试验与仿真研究

Strasser 等[14]对模拟 GIS 容器开展了单相母线接地(外壳)短路故障试验,分析了不同故障电流、外壳材料、外壳厚度及燃弧时间对压力升的影响,并通过试验研究了外壳金属熔化时间与不同外壳材料、外壳厚度和电弧电流的关系,如图 1.5 所示,可见金属熔化导致壳体烧穿所需的时间相对较长。

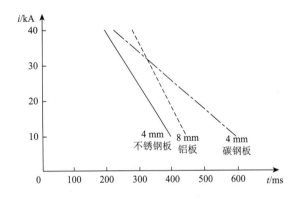

图 1.5    不同厚度金属在不同电弧电流下的熔化时间

Daalder 等[45]建立了小尺寸开关设备模型以及全尺寸简易模型,通过试验研究了模型不同部位发生电弧故障时的燃弧特性,以及空气和 $SF_6$ 作为绝缘介质时内部压力升的差异性。试验结果表明:在电弧能量相同的条件下,$SF_6$ 介质吸收的能量要高于空气介质,以 $SF_6$ 作为绝缘介质压力上升的持续时间约为以空气作为绝缘介质的 2.4 倍;当电流为 20 kA、持续时间为 1 s 时,两种介质下模型内部的压力升差异不大。

Bjortuft 等[46]搭建了简化的高压气体绝缘金属封闭开关柜模型,并在挪威 NEFI 高压实验室开展了短路燃弧爆炸试验,通过试验与数值计算分析了不同介质(空气和 $SF_6$)、不同电弧能量以及不同电极材料下隔室的压力升情况。结果表明:隔室内部压力升与归一化电弧能量成正比；不同电极材料对压力升的影响有较大差异，铝电极燃弧产生的压力升大于铜与铁电极产生的压力升；空气介质中压力上升的速率要远大于 $SF_6$ 介质，而空气介质中的压力峰值可能等于或低于 $SF_6$ 介质，这与设备结构、泄压口等有关。但文中采用的仿真计算方法较为简单，并假设引起压力上升的能量比例为 50%～60%，计算结果与试验结果差异较大。

Anantavanich 等[47-48]建立了图 1.6 所示模型，试验研究了破裂盘在燃弧爆炸过压力作用下破裂时隔室 A 和 B 内的压强变化情况；试验电流为 10 kA 和 20 kA，隔室 A 中为空气或 $SF_6$，隔室 B 中为空气，同时提出了基于流量系数的标准计算法计算各隔室内的压强变化，并与 CFD 法进行了对比，计算结果与试验结果吻合较好；隔室 A 为空气时获得的压力上升率与峰值均要大于隔空 A 为 $SF_6$ 时，而 $SF_6$ 的流量系数要大于空气。

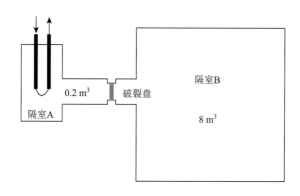

图 1.6　试验布置

CIGRE A3.24 工作组于 2009 年成立，其主要任务是提出中高压开关设备内部短路燃弧压力升数值计算方法，并搭建仿真平台[49]。在假设隔室内压力及温度均匀分布的条件下，基于标准计算法提出了简化数值计算模型，对在空气、$SF_6$ 和 $N_2$ 三种绝缘介质下开关设备内部短路燃弧的压力升进行了计算，并通过试验对计算模型的准确性进行了验证。结果表明：在电弧能量能准确获得的情况下，压力升峰值计算结果与试验结果误差基本在 10%以内；但该模型无法考虑隔室内压力的空间分布情况，且在燃弧时间较长时精确度才较高。该工作组认为，仿真计算不能完全取代典型试验。

张俊鹏等[50]搭建了密闭圆柱形试验腔体，开展了以 $N_2$ 和 $CO_2$ 为绝缘介质时内部短路燃弧压力效应试验，分析了在两种绝缘介质下压力升、电弧能量和能量转换系数的差异。相同电弧能量下，以 $N_2$ 为绝缘介质时容器内部的压力升更大，压力升随初始气压的升高而增大；相同电弧电流下，能量转换系数均随初始气压的升高而增大，但以 $CO_2$ 为绝缘介质时的能量转换系数较大。

Iwata 等[51-52]利用 SCM 和 CFD 法对图 1.7 所示的封闭容器内部短路燃弧（间隙距离为 50 mm）产生的压力效应进行了计算，并通过短路燃弧试验对计算结果的准确性进行了验证。在计算结果与试验结果一致的前提下，对 $k_p$ 进行了计算。结果表明：随着电弧电流和电弧能量的增加，铜电极的 $k_p$ 减小，而铁和铝电极的 $k_p$ 均增加。在上述研究的基础上，利用 CFD 法对图 1.8 所示封闭容器内部发生交流和直流短路燃弧时引起的压力升及其传播特性进行了研究[53]；计算了 DC、AC 50 Hz 和 60 Hz 电弧电流引起的压力升随时间的变化情况，并分析了压力振荡周期、振荡幅值随时间以及电弧能量的变化规律，提出了共振和叠加效应，并认为其与电流频率、电弧能量、容器尺寸及类型等参数有关。

Kotari 等[54]提出采用空气介质代替 SF$_6$ 介质封闭绝缘开关设备开展内部短路燃弧试验的方法，建立了图 1.8 所示的简易封闭容器模型，系统研究了不同初始压强、电弧电流下，以 SF$_6$ 和空气为绝缘介质时容器内部短路燃弧压力效应的差异，并详细分析了 SF$_6$ 封闭绝缘开关设备内部短路燃弧的能量平衡机制。研究结果表明：在两种气体介质下，容器内部的压力升均随初始压强的增加而增大，但压强曲线波动情况有较大差异。当初始压强为 0.1 MPa 时，空气和 SF$_6$ 的热转换系数 $k_p$ 分别为 0.38～0.46 和 0.55～0.66；当初始压强为 0.4 MPa 时，$k_p$ 分别为 0.38～0.51 和 0.59，$k_p$ 几乎与初始压强无关。

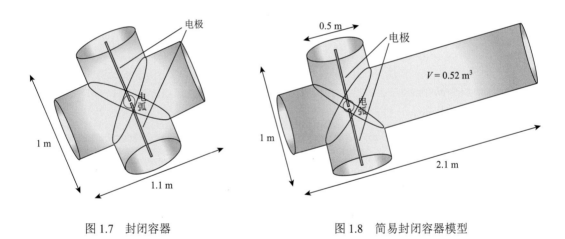

图 1.7　封闭容器　　　　　　　　　　　图 1.8　简易封闭容器模型

Zhang 等[27, 55-56]详细分析了开关设备内部短路燃弧过程的能量平衡机制，建立了图 1.9 所示试验容器模型，开展了短路燃弧试验，测量了不同初始压强下的弧压变化情况，并提出了考虑金属蒸发、热辐射与化学反应的压力升及热转换系数 $k_p$ 的数值计算方法，通过理论计算和试验分析了 $k_p$ 随不同气体密度、介质类型、电极材料（铜、铝）以及容器尺寸的变化规律。结果表明：空气介质下，$k_p$ 随气体密度的减小而减小；而 SF$_6$ 介质下，$k_p$ 随气体密度的减小而增大或为常数。弧压随初始压力/密度的增大而增大。铜电极蒸发和化学反应对 $k_p$ 的影响可忽略不计，其 $k_p$ 小于铝电极。最后，作者还对简易高压紧凑型变电站内部短路燃弧引起的压力升进行了计算，并通过试验验证了计算的有效性。

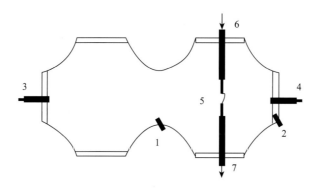

图 1.9 试验容器模型

1, 2-连接器；3, 4-压力传感器；5-故障电弧；6, 7-电极

Fjeld 等[28-29, 44, 57]开展了开放环境下铜和铝电极的短路燃弧试验，分析了电弧能量与电极材料、间隙距离、电流幅值的关系；在单位体积电弧能量为常数的前提下，建立了全尺寸、1/3 和 1/10 缩比尺寸正方体简易模型；通过开展内部短路燃弧试验，证明了利用缩比模型来预测全尺寸开关设备内部短路燃弧压力升的可行性。缩比模型获得的压力升与原始模型较为接近，$k_p$ 均在 0.4～0.5 之间，但由于未考虑的因素较多（如热效应、结构差异），缩比模型的可行性还需进一步验证。

Rong 等[58-60]提出了利用 MHD 法计算容器内部短路燃弧引起的热-力效应，建立了考虑热辐射的实际电弧等离子体模型，可对电磁-温度-流体场进行直接耦合求解；搭建了简易圆柱形试验模型，开展了不同间隙距离和电流幅值的交流、直流短路燃弧试验。结果表明：采用 MHD 法可获得较为准确的温度及压力分布，同时还可获得 $k_p$ 和弧压的数值，而不依赖任何试验数据。但由于电弧模型复杂、计算量较大，对大尺寸复杂开关设备的应用还需开展进一步研究。

国内外学者对封闭容器内部短路燃弧产生的压力升问题开展了较多研究，而针对实际高压开关柜的研究较少。目前对开关柜内部短路燃弧爆炸压力效应的评估主要以型式试验为主，其试验要求及流程在标准中均有明确说明，但型式试验属破坏性试验，只能对柜体的强度是否符合要求进行定性校核。因此，开展实际开关柜内部短路燃弧仿真与试验对分析其压力效应具有重要意义。

高压开关柜电压等级高、短路电流大（可达 40 kA），因此开展该试验需高压大容量电源，国外以德国（亚琛工业大学）、挪威（泰勒马克大学学院）、美国等国家学者为代表，均对大尺寸模拟开关设备内部短路燃弧开展了相关仿真与试验研究。而国内主要以企业为代表，针对开关柜内部短路燃弧压力效应提出了简化计算方法，具体如下。

Chitamara 等[25]利用 ISCM 和 CFD 法对开关柜内部发生短路燃弧时，引起房屋内部压力上升的情况进行了仿真计算，仿真模型如图 1.10 所示。在不同绝缘介质（空气和 $SF_6$）、泄压室尺寸、泄压口位置及尺寸下，分析了两种计算方法获得结果的差异性。结果表明：在空气介质下，用 CFD 法获得的压力升峰值与 ISCM 相差 30%～80%；而在 SF$_6$ 介质下，两种方法获得的压力升峰值的差异为 –32%～–22%，这主要与容器内部压力波的传播特性有关，但该文未分析开关柜内部的压力升情况。

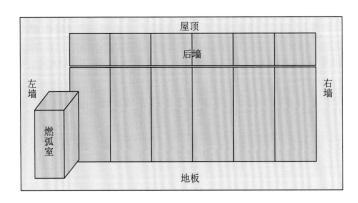

图 1.10　仿真模型

Lutz 等[21]建立了简易开关柜模型，利用 LC 振荡回路研究了内部短路燃弧时的压力升情况，其中电弧电流为数十千安，持续时间为 16 ms。试验结果表明：压力升峰值随电弧功率的增大而增大，泄压通道截面积和容器几何尺寸均会影响压力升峰值大小。同时，利用多种计算方法对容器内部某点的压力升进行了计算，发现用不同计算方法获得的结果差异较大。对于泄压口较大的隔室，必须考虑气流及压力波的影响，即考虑空间的差异性，才能获得较准确的计算结果。

Finke 等[61-62]在德国 HVL 和 IPH 实验室对低压开关柜开展了内部短路燃弧试验，试验电流为 20～50 kA，持续时间分别为 100 ms、300 ms 和 1 s；通过改变燃弧电流、燃弧时间，以及隔板的材料、布置位置及固定方式，定性研究了电弧燃烧引起的高压和高温效应对隔板的影响。试验结果表明：电弧的运动速度可达 80 m/s，当燃烧时间较短（100 ms）时，主要表现为机械应力，发生火灾的概率较小；而当燃弧时间变长（1 s）时，隔板会发生破裂并出现烧穿现象。

文献[63-64]建立了开关柜泄压结构矩阵及排气质量矩阵，在理想气体状态方程以及 SCM 的基础上提出了柜内压力升、温升以及冲击压力的计算模型，当故障电弧功率恒为 17 MW 且燃弧时间为 0.8 s 时，计算了开关柜内部发生短路燃弧时各隔室整体的压力升和温升变化情况。

熊泰昌[65-66]在假设电弧电位梯度为 13 V/cm 的条件下，基于 SCM 对高压开关柜内部短路燃弧时的整体压力升进行了计算，提出了柜内各处压力升的变化规律可用弧柱气压变化的直线方程 $p = kt$ 来描述，据此对柜门的强度进行计算和校核。

纵览国内外研究现状，针对实际开关柜内部短路燃弧时，开关柜电缆室、母线室、断路器室内部暂态压力场分布数值计算方面的研究较少。

## 1.2.4　开关柜内部短路燃弧压力效应抑制措施研究

为降低开关柜内部短路燃弧爆炸对设备、建筑物以及工作人员的危害，有必要研究相关压力效应的抑制措施，主要包括柜体强度校核及柜门加固、电弧能量吸收，以及泄压通道优化设计等。

柜体强度校核及柜门加固方面，熊泰昌[65-66]、李玲等[67]根据实际燃弧试验获得的压力升数据，对柜体强度进行了计算，分析了柜门、柜壁螺栓强度是否符合要求，提出了相关加固措施。王伟[8]计算获得开关柜隔室内的压力升后，采用第一强度理论对柜门的强度进行了校核，分析了柜体铰链、螺栓等是否符合要求，并对柜门的形状进行了优化，认为倾斜型柜门所受的冲击力较小。蔡彬等[68]、吴伟光等[69]通过对压力作用后薄板的应力分析，结合材料的断裂临界应力，对柜体的耐受强度进行了有限元计算，得到了各隔室可承受的最大压力，并分析了短路电流和压力释放口面积的关系，可为柜体的强度设计提供参考。

电弧能量吸收主要通过吸收消耗电弧能量以降低压力效应，国外学者提出了利用诸如金属网格能量吸收器、多孔过滤器，以及利用金属的熔化、蒸发等压力升抑制措施，并通过简易模型进行了仿真模拟和试验验证。

Oyvang 等[70]在挪威 NEFI 高压实验室开展了封闭容器内部短路燃弧试验，对比研究了不同材料（铝、镀锌钢）、层数和形状的多孔网格能量吸收器对高温高压气体的吸热效果，分析了能量吸收器前后位置、燃弧隔室、缓冲室温升和压力升的变化规律。结果表明：能量吸收器具有较好的降温效果，铝制金属网格的热效率可达 79%左右，但金属网格的存在会使燃弧隔室中的压力升高。Anantavanich[71-72]等为计算金属网格能量吸收器对压力升的抑制效果，提出了金属网格能量吸收器的热吸收和流阻等效模型，并通过实际试验对模型的有效性进行了验证。Iwata 等[38, 73]通过在封闭容器出口附近安装铝网格来研究其对压力升和能量流的影响，分析了不同网格形状、尺寸和孔占比金属网格的作用效果。结果表明：金属网格可有效降低能量流密度和压力升峰值。作者还推荐了最优孔占比。Rochette 等[5, 74-76]提出了采用多孔介质过滤器吸收短路爆炸冲击波和冷却高温气体，以减少对周围设备和工作人员的伤害；针对多孔不连续的问题，建立了多孔介质过滤器数学模型，通过实际内部燃弧试验验证了模型的准确性，多孔介质过滤器可有效降低高温气体的热效应，但同样会使燃弧隔室中的压力升高。

Tanaka 等[77-78]提出了在铜电极中间加装金属板（铜/铁），通过金属的熔化和蒸发消耗能量来抑制容器内部的压力效应，并开展实际燃弧试验对压力效应的抑制效果进行了分析。研究结果表明：加装铜/铁板后，单位电弧能量的压力升峰值可下降 20%左右。铜板导致压力升下降的主要原因为铜的熔化和蒸发使消耗的能量增加，而铁板主要增加了电弧的辐射消耗。Oyvang 等[79]开展了大电流短路燃弧试验，分析了静态和动态电弧作用下铜电极的侵蚀与蒸发效应,发现静态和动态电弧侵蚀铜电极的能量分别约占15%和10%[80],铜蒸发、化学反应对压力升的影响较小。Binnendiljk等[2]通过试验研究了不同材料(铜、铝、钢)圆柱形平板电极发生燃弧故障时的能量吸收情况,当电弧电流为20 kA、持续时间为0.5 s时,铝电极的烧蚀最严重,且其弧压最低,铜电极烧蚀较轻,钢电极的性能最好。考虑电极的熔化、蒸发与化学反应,三种材料电极的净吸收能量分别为−16.3 MJ/kg、5.0 MJ/kg 和 3.7 MJ/kg。通过金属的熔化、蒸发抑制压力效应的方法易于实现,但金属的引入会改变柜体内部的电场分布,可能会降低绝缘性能,其合理性还需进一步验证。

针对开关柜泄压通道优化设计的研究较少,提出的措施主要包括改进泄压口尺寸、增设缓冲室、加装负压室等。李长鹏等[81]对某12 kV气体绝缘金属封闭开关设备内部短路燃弧爆炸压力升进行了仿真计算,分析了压力升随泄压口直径的变化规律,根据气箱、支柱绝缘子和密封圈等的强度确定了最优泄压孔尺寸,并通过试验进行了验证。

Schmale 等[82]提出在燃弧隔室与泄压室之间加装缓冲室/管道以降低泄压室中的压力升,并仿真分析了缓冲室/管道尺寸、泄压口尺寸等对压力升的影响。结果表明:加装缓冲室并合理设计参数时,可有效降低泄压室中的压强,但燃弧隔室中的压强会增大。Bajanek 等[83]采用简化数学模型,对开关柜内部短路燃弧爆炸压力升进行了计算,分析了泄压管道开口方向、尺寸等参数对压力升的影响,可为泄压管道的设计提供指导。

黎鹏等[84]、魏梦婷[85]提出在燃弧隔室顶部装设负压室以抑制隔室内部的压力升,并通过增设负压室前后燃弧隔室的压力升对比,对其抑制效果进行了验证。结果表明:负压室对高温高压气体的快速吸入,可有效降低隔室中的压力升,但能否应用于实际还有待进一步研究。

现有压力升抑制措施,如金属网格能量吸收器、金属熔化蒸发等,虽然能在一定程度上减弱电弧故障带来的破坏作用,但能否应用于实际开关柜,还有待进一步研究。而且,对于开关柜而言,如何对短路燃弧爆炸产生的高温高压气流进行有效引导和释放,才是减少发生柜体爆裂事故的关键。通常情况下,开关柜每个隔室均设置有泄压通道,该通道是柜体释放高温高压气体的重要部位,如泄压装置能正常启动,一般可有效降低柜门被冲开的风险。但目前缺乏针对开关柜泄压通道的泄压效率的理论分析,泄压通道的设计仍主要依靠经验,且现有泄压装置仍存在动作灵敏度低、对高温高压气体缺乏定向引导等不足。因此,提出泄压通道优化方法,对短路燃弧释放的能量进行有效引导与控制,可以最大限度地减小开关柜内部短路燃弧产生的热−力效应对柜体、建筑物以及工作人员安全的影响。

# 1.3 本书主要内容安排

根据国内外研究现状,针对目前开关柜内部短路燃弧爆炸压力效应研究存在的不足，本书根据开关柜内部短路燃弧爆炸的特点，将电弧等离子体等效为热源，简化电弧本身的物理特性，提出了基于电弧能量热等效的压力升数值计算方法，并应用于压力效应的抑制措施研究。具体章节内容安排如下。

第1章介绍研究背景及意义，分析开关柜内部短路燃弧的破坏效应；对国内外在封闭容器和开关柜内部短路燃弧试验、压力升计算方法、电弧能量模型、压力效应抑制措施等方面的研究现状进行综述，分析现有研究存在的不足。

第2章介绍开关柜内部短路燃弧产生的热-力效应和能量的平衡机制，提出基于电弧能量热等效的压力升数值计算方法，详细介绍多物理场控制方程、边界条件及计算过程；结合开关柜内部短路燃弧爆炸现象，分析壁面对冲击波的反射与叠加效应。

第3章介绍封闭容器内部短路燃弧试验平台，包括封闭容器、测量设备、试验方法与步骤等；根据测量获得的电弧电流、弧压和压强等数据，分析电弧的燃烧特性以及弧压随电弧电流、间隙距离和压强等因素的变化规律；研究容器内部压力升随燃弧时间、电弧功率和电弧能量的变化规律，提出热转换系数 $k_p$ 的计算方法，分析了不同试验条件下 $k_p$ 的变化规律，并推荐开关柜内部短路燃弧压力升仿真计算中 $k_p$ 的取值。

第4章介绍7.2 kV空气绝缘高压开关柜简化建模方法，计算分析各隔室弧压和短路燃弧功率随时间的变化规律；提出零部件等体积规则化和隔室等容积替代的模型简化方法；提出壁面网格的处理方法，并分析单元数量、时间步长等对压力升计算的影响。

第5章计算分析封闭条件下压力波在隔室内部的传播规律，研究压力波在壁面附近、拐角处的反射与叠加效应。根据在封闭条件下各隔室的压力升计算结果，计算泄压盖的开启压力和开启时刻，并获得柜门/隔板的破坏压力阈值。定义泄压通道的泄压效率，分析泄压盖开启条件下柜门/隔板所受压力的变化规律，计算泄压盖在不同开启数量和角度下的泄压效率，给出各隔室泄压盖的安全开启角度。

第6章提出泄压通道改进设计方案，以柜门压力升峰值、冲量和泄压通道体积最小为目标，利用NSGA-II算法对相关参数进行优化，获得改进泄压通道的最优设计尺寸，并通过仿真计算对泄压通道优化设计的可行性进行验证。

第7章提出金属网格能量吸收器的热-力效应防护方法，基于管束换热理论，构建金属网格能量吸收与流动阻力模型，通过仿真验证金属网格能量吸收器对流出气体温度和流速的抑制效果，并分析金属网格相关参数对热-力效应防护效果的影响。

# 第 2 章

## 开关柜内部短路燃弧压力升计算模型

本章结合实际开关柜内部短路燃弧型式试验，详细介绍了短路燃弧爆炸时柜体内部的热-力效应和能量平衡机制，提出基于电弧能量热等效的压力升计算模型，对模型涉及的流体动力学基本理论、控制方程、湍流模型、边界条件等进行详细描述，给出了计算模型的具体实现流程，并分析在强、弱扰动下的波过程和压力波在壁面的反射叠加效应。

## 2.1 开关柜内部短路燃弧特性分析

### 2.1.1 开关柜内部短路燃弧热-力效应

高压开关柜发生内部短路燃弧故障时，最大短路电流可达 40 kA 以上，短路功率可高达数十兆瓦，会对柜体产生机械和热应力效应[10]。某 7.2 kV 空气绝缘高压开关柜内部短路燃弧爆炸过程如图 2.1 所示，短路电流有效值为 40 kA，燃弧时间为 1 s，起弧部位位于电缆室。开关柜发生内部短路燃弧爆炸时，主要经历四个阶段，分别为压缩阶段、膨胀阶段、喷射阶段和热效应阶段[86-88]，各阶段对应的压力升如图 2.2 所示。

1. 压缩阶段

该阶段从起弧时刻开始，到隔室中的压力升达到峰值时结束，如图 2.1（a）所示。在燃弧初期的 5～15 ms，电弧释放大量热量，加热并压缩周围的空气，使隔室内的压力升高，并迅速上升至峰值。压缩阶段的持续时间、最大压力升与电弧功率、隔室的体积以及泄压通道的开启时刻等密切相关。

2. 膨胀阶段

从高温高压气体流出燃弧隔室、压力升峰值开始下降时开始，到压力降至较小值时结束，如图 2.1（b）、（c）所示。当隔室内压力增大到一定值，达到泄压装置的开启压力阈值时，柜体泄压装置启动将压力释放，大量高温气体通过泄压通道排出燃弧隔室，同时，在压力差的作用下，受热气体还会向相邻隔室流动。

3. 喷射阶段

随着燃弧时间的增长，电弧能量的持续释放使气体温度进一步升高，金属电极会出现熔化、蒸发现象；隔室泄压口将产生高温、高速气流，同时气流中含有大量炽热的颗粒（金属液滴等），即产生弧光喷射现象，如图 2.1（d）所示。该阶段可能会持续 100 ms 左右，大部分空气被排出隔室外，隔室内部剩余空气继续被电弧加热，从而又出现幅值较小的超压现象，如图 2.2 所示。

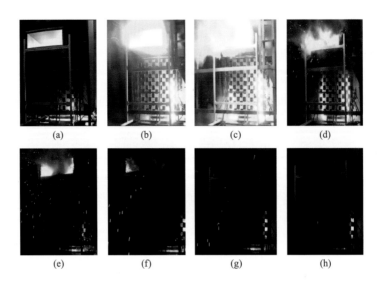

图 2.1　开关柜内部短路燃弧爆炸过程

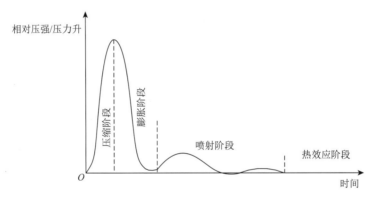

图 2.2　各阶段对应的压力升

## 4. 热效应阶段

当大量空气被压缩至隔室外后，隔室内部剩余空气被电弧进一步加热，温度大幅升高，导致周围的绝缘材料出现起火，金属部件出现变形、熔化等现象，开关柜外壳有被烧穿的危险。该阶段喷射出的热蒸气及高温颗粒也会对周围工作人员和设备的安全造成较大威胁[89]。由图 2.1（e）～（f）可以看出，电弧熄灭后，柜体内部仍有燃烧现象，且金属颗粒明显增多，说明金属的熔化程度增加。可见热效应阶段在爆炸后期才有较大影响，吴文海等[90]通过试验发现，GIS 内部发生短路燃弧故障时，壳体被烧穿的时间达374 ms，超过保护的动作时间。Vahamaki 等[91]指出，当燃弧时间超过 100 ms 时，电缆等绝缘材料才有起火的危险。材料的烧蚀程度主要与电弧持续时间、电弧功率、材料的热特性，以及与电弧的距离等有关。

## 2.1.2　开关柜内部短路燃弧能量平衡机制

当发生短路燃弧爆炸事故时，电弧的能量释放过程较为复杂，涉及多种热传递机制，具体可用图 2.3 进行描述[27, 55]。

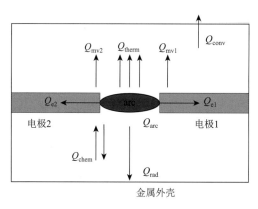

图 2.3　能量传递过程

$Q_{arc}$ 为电弧释放的能量，其被转换成以下几种能量形式：

（1）金属电极吸收的能量 $Q_{e1}$、$Q_{e2}$：电弧燃烧过程中，弧根与其接触的金属电极之间发生热传导，从而使电极温度升高。

（2）金属蒸气携带的能量 $Q_{mv1}$、$Q_{mv2}$：电弧弧根位置的温度可达上万摄氏度，在高温作用下，电极与弧根接触的部位会出现熔化现象，当温度达到金属的沸点时，会产生高温金属蒸气携带部分能量[92]。

（3）化学反应产生的能量 $Q_{chem}$：金属蒸气可能与周围的空气发生吸热或放热反应，从而吸收或释放能量[93]。如为铜电极，其可能发生的放热化学反应如式（2.1）所示：

$$\begin{cases} Cu + \dfrac{1}{2}O_2 = CuO + 157 \text{ kJ} / (\text{mol Cu}) \\ Cu + \dfrac{1}{4}O_2 = \dfrac{1}{2}Cu_2O + 84.5 \text{ kJ} / (\text{mol Cu}) \end{cases} \tag{2.1}$$

（4）热辐射消耗的能量 $Q_{rad}$：电弧释放的能量还会以电磁波的形式辐射至金属壁面，使其温度升高[55]。

（5）热对流损失的能量 $Q_{conv}$：当开关柜内部压力上升引起泄压口开启时，携带大量能量的气体从泄压口排出，会引起柜体内部气体的内能下降。

（6）周围空气吸收的能量 $Q_{therm}$：除了上述能量的传递之外，电弧释放的大部分能量主要通过热传导、热对流等方式传递给周围空气，使空气受热膨胀，从而导致柜体内部压力上升[79]。

上述能量之间的平衡关系可用式（2.2）表示：

$$Q_{arc} \pm Q_{chem} = Q_{e1} + Q_{e2} + Q_{mv1} + Q_{mv2} + Q_{therm} + Q_{rad} + Q_{conv} \quad (2.2)$$

为了描述使柜体内部压力上升的能量占电弧释放总能量的比例，提出热转换系数 $k_p$ 因子[22, 94-95]，其定义如式（2.3）所示：

$$k_p = \Delta Q_{pressure} / Q_{arc} \quad (2.3)$$

式中：$\Delta Q_{pressure}$ 为柜体内部压力升达到峰值时所需的能量，该因子的提出为后续数值计算方法的研究提供了便利。

由上述分析可知，对柜体内部压力升影响较大的能量主要为 $Q_{mv1}$、$Q_{mv2}$、$Q_{chem}$、$Q_{conv}$ 和 $Q_{therm}$。由于燃弧时间较短（毫秒级），金属电极及柜壁与周围空气进行热交换的能量较少，经过热传导和热辐射传递给电极和壁面的能量（$Q_{e1}$、$Q_{e2}$、$Q_{rad}$）主要使电极和柜壁的温度升高，并不会对柜体内空气的内能造成较大影响，即对压力升的贡献较小。而由气体对流引起的能量 $Q_{conv}$ 会使内部压力下降。因此，$k_p$ 因子可通过式（2.4）确定：

$$k_p = 1 - k_{e1} - k_{e2} - k_{rad} - k_{conv} + k_{mv1} + k_{mv2} \pm k_{chem} \quad (2.4)$$

式中：系数 $k_{e1}$ 和 $k_{e2}$、$k_{rad}$、$k_{mv1}$ 和 $k_{mv2}$、$k_{chem}$、$k_{conv}$ 分别为热传导、热辐射、金属熔化蒸发、化学反应以及热对流能量占电弧总能量的比例（"＋"代表吸热反应，"－"代表放热反应）。

假设电弧周围空气吸收的能量占电弧总能量的比例为 $k_Q$，如式（2.5）所示：

$$k_Q = 1 - k_{e1} - k_{e2} - k_{rad} \quad (2.5)$$

则 $k_p$ 可用式（2.6）表示[55-56]：

$$k_p = k_Q + k_{mv1} + k_{mv2} \pm k_{chem} - k_{conv} \quad (2.6)$$

由试验结果可知[56, 96]，不论柜体是封闭的还是敞开的，辐射系数 $k_{rad}$ 几乎没有影响，可忽略不计，而传导系数 $k_e$（包括 $k_{e1}$ 和 $k_{e2}$）的值也较小，因此 $k_Q$ 可视为常数。

通常情况下，式（2.6）中的各项系数很难直接获取。因此，$k_p$ 因子的数值主要通过计算与试验压力升的对比来确定[21]。$k_p$ 与气体类型、电极材料、容器结构及尺寸、气体密度等有关[20]。目前国内外针对封闭容器内部短路爆炸引起的压力升问题主要根据 $k_p$ 因子进行计算，具体如式（2.7）所示[21-22]（该式忽略了压强的空间分布特性，假设电弧释放的能量在柜体内部均匀分布）：

$$dp = (\gamma - 1) \cdot k_p \cdot Q_{arc} / V \quad (2.7)$$

式中：$\gamma$ 为绝热指数，对于空气介质该值约为 1.4；$k_p$ 的取值范围为 $0.25 \sim 0.8$[94]；$Q_{arc}$ 为电弧能量；$V$ 为容器体积。

## 2.2　基于电弧能量热等效的压力升计算模型

### 2.2.1　多物理场控制方程

开关柜内部短路燃弧爆炸引起的压力上升问题涉及介质流动以及热传导等复杂过程，属于流体、温度多物理场耦合问题，目前解决该类问题较为成熟的方法为 CFD 法[20]，其主要基于三大守恒方程：质量守恒方程、动量守恒方程和能量守恒方程[97]，可对柜体内部的压力（压强）分布进行局部化求解[98]。

#### 1. 质量守恒方程（连续性方程）

根据质量守恒定律，对于固定微团，流出微团的净质量应该等于微团内部质量的减少量。对于可压缩流体，推导得到连续性方程的微分形式如式（2.8）所示：

$$\frac{\partial \rho}{\partial t} + \frac{\partial(\rho u)}{\partial x} + \frac{\partial(\rho v)}{\partial y} + \frac{\partial(\rho w)}{\partial z} = 0 \tag{2.8}$$

式中：$\rho$ 为流体密度；$u$、$v$、$w$ 分别为流体速度 $v$ 在 $x$、$y$、$z$ 三个方向上的分量，即 $v = ui + vj + wk$，其中 $i$、$j$、$k$ 为单位矢量。

#### 2. 动量守恒方程（运动方程）

动量守恒方程根据牛顿第二定律：作用于流体微团的外力总和等于动量的时间变化率。流体微团的受力如图 2.4 所示，流体所受外力包括：质量力（体积力）和表面力，质量力主要为重力，表面力包括压力和黏性力。

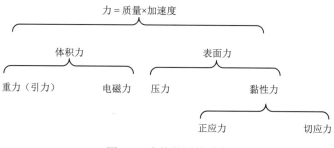

图 2.4　流体微团的受力

动量守恒方程也称运动方程或 N-S 方程，其微分形式如式（2.9）所示：

$$\begin{cases} \rho\dfrac{\mathrm{d}u}{\mathrm{d}t} = \rho f_x + \dfrac{\partial \tau_{xx}}{\partial x} + \dfrac{\partial \tau_{yx}}{\partial y} + \dfrac{\partial \tau_{zx}}{\partial z} - \dfrac{\partial p}{\partial x} \\[2mm] \rho\dfrac{\mathrm{d}v}{\mathrm{d}t} = \rho f_y + \dfrac{\partial \tau_{xy}}{\partial x} + \dfrac{\partial \tau_{yy}}{\partial y} + \dfrac{\partial \tau_{zy}}{\partial z} - \dfrac{\partial p}{\partial y} \\[2mm] \rho\dfrac{\mathrm{d}w}{\mathrm{d}t} = \rho f_z + \dfrac{\partial \tau_{xz}}{\partial x} + \dfrac{\partial \tau_{yz}}{\partial y} + \dfrac{\partial \tau_{zz}}{\partial z} - \dfrac{\partial p}{\partial z} \end{cases} \tag{2.9}$$

式中：$f_x$、$f_y$、$f_z$ 分别为作用于单位质量流体微团上的体积力在 $x$、$y$、$z$ 方向上的分量，满足 $\boldsymbol{f} = f_x\boldsymbol{i} + f_y\boldsymbol{j} + f_z\boldsymbol{k}$；$\tau_{ij}$ 为 $\boldsymbol{j}$ 方向的应力作用在垂直于 $\boldsymbol{i}$ 方向的平面上；$p$ 为流体所受压力。

根据上述方程，可以获得如式（2.10）所示的 N-S 方程的守恒形式：

$$\begin{cases} \dfrac{\partial(\rho u)}{\partial t} + \nabla\cdot(\rho u\boldsymbol{v}) = \rho f_x + \dfrac{\partial \tau_{xx}}{\partial x} + \dfrac{\partial \tau_{yx}}{\partial y} + \dfrac{\partial \tau_{zx}}{\partial z} - \dfrac{\partial p}{\partial x} \\[2mm] \dfrac{\partial(\rho v)}{\partial t} + \nabla\cdot(\rho v\boldsymbol{v}) = \rho f_y + \dfrac{\partial \tau_{xy}}{\partial x} + \dfrac{\partial \tau_{yy}}{\partial y} + \dfrac{\partial \tau_{zy}}{\partial z} - \dfrac{\partial p}{\partial y} \\[2mm] \dfrac{\partial(\rho w)}{\partial t} + \nabla\cdot(\rho w\boldsymbol{v}) = \rho f_z + \dfrac{\partial \tau_{xz}}{\partial x} + \dfrac{\partial \tau_{yz}}{\partial y} + \dfrac{\partial \tau_{zz}}{\partial z} - \dfrac{\partial p}{\partial z} \end{cases} \tag{2.10}$$

当流体的切应力与应变的时间变化率（即速度梯度）成正比时，该流体称为牛顿流体，否则称为非牛顿流体。对于空气动力学中的实际问题，流体一般可视为牛顿流体。对于牛顿流体，切应力的表达式如式（2.11）和式（2.12）所示：

$$\begin{cases} \tau_{xx} = \mu'(\nabla\cdot\boldsymbol{v}) + 2\mu\dfrac{\partial u}{\partial x} \\[2mm] \tau_{yy} = \mu'(\nabla\cdot\boldsymbol{v}) + 2\mu\dfrac{\partial v}{\partial y} \\[2mm] \tau_{zz} = \mu'(\nabla\cdot\boldsymbol{v}) + 2\mu\dfrac{\partial w}{\partial z} \end{cases} \tag{2.11}$$

$$\begin{cases} \tau_{xy} = \tau_{yx} = \mu\left(\dfrac{\partial v}{\partial x} + \dfrac{\partial u}{\partial y}\right) \\[2mm] \tau_{xz} = \tau_{zx} = \mu\left(\dfrac{\partial u}{\partial z} + \dfrac{\partial w}{\partial x}\right) \\[2mm] \tau_{yz} = \tau_{zy} = \mu\left(\dfrac{\partial v}{\partial z} + \dfrac{\partial w}{\partial y}\right) \end{cases} \tag{2.12}$$

式中：$\boldsymbol{v}$ 为速度矢量；$\mu$ 为气体分子黏性系数；$\mu'$ 为第二黏性系数。斯托克斯（Stokes）认为 $\mu$ 和 $\mu'$ 的关系可用式（2.13）表示：

$$\mu' = -\frac{2}{3}\mu \tag{2.13}$$

根据上述关系，可获得压缩黏性流体完整的 N-S 方程如式（2.14）所示：

$$\begin{cases} \rho\dfrac{\mathrm{d}u}{\mathrm{d}t} = \rho f_x - \dfrac{\partial p}{\partial x} + \dfrac{\partial}{\partial x}\left\{\mu\left[2\dfrac{\partial u}{\partial x} - \dfrac{2}{3}\left(\dfrac{\partial u}{\partial x} + \dfrac{\partial v}{\partial y} + \dfrac{\partial w}{\partial z}\right)\right]\right\} \\ \qquad + \dfrac{\partial}{\partial y}\left[\mu\left(\dfrac{\partial u}{\partial y} + \dfrac{\partial v}{\partial x}\right)\right] + \dfrac{\partial}{\partial z}\left[\mu\left(\dfrac{\partial w}{\partial x} + \dfrac{\partial u}{\partial z}\right)\right] \\ \rho\dfrac{\mathrm{d}v}{\mathrm{d}t} = \rho f_y - \dfrac{\partial p}{\partial y} + \dfrac{\partial}{\partial y}\left\{\mu\left[2\dfrac{\partial v}{\partial y} - \dfrac{2}{3}\left(\dfrac{\partial u}{\partial x} + \dfrac{\partial v}{\partial y} + \dfrac{\partial w}{\partial z}\right)\right]\right\} \\ \qquad + \dfrac{\partial}{\partial z}\left[\mu\left(\dfrac{\partial v}{\partial z} + \dfrac{\partial w}{\partial y}\right)\right] + \dfrac{\partial}{\partial x}\left[\mu\left(\dfrac{\partial u}{\partial y} + \dfrac{\partial v}{\partial x}\right)\right] \\ \rho\dfrac{\mathrm{d}w}{\mathrm{d}t} = \rho f_z - \dfrac{\partial p}{\partial z} + \dfrac{\partial}{\partial z}\left\{\mu\left[2\dfrac{\partial w}{\partial z} - \dfrac{2}{3}\left(\dfrac{\partial u}{\partial x} + \dfrac{\partial v}{\partial y} + \dfrac{\partial w}{\partial z}\right)\right]\right\} \\ \qquad + \dfrac{\partial}{\partial x}\left[\mu\left(\dfrac{\partial w}{\partial x} + \dfrac{\partial u}{\partial z}\right)\right] + \dfrac{\partial}{\partial y}\left[\mu\left(\dfrac{\partial w}{\partial y} + \dfrac{\partial v}{\partial z}\right)\right] \end{cases} \tag{2.14}$$

### 3. 能量守恒方程

能量守恒方程根据热力学第一定律获得，即流体微团内能量的变化率等于进入微团的净热流量加上体积力与表面力对微团做功的功率。运动流体微团的总能量主要包括比内能 $e$ 和动能 $\dfrac{v^2}{2}$ 两项，因此，单位质量的总能量为 $e + \dfrac{v^2}{2}$。参考动量守恒方程的表述方法，结合傅里叶（Fourier）定律［式（2.15）］，黏性流体的能量守恒微分方程可用式（2.16）表示：

$$\dot{q}_x = -\lambda\frac{\partial T}{\partial x} \tag{2.15}$$

式中：$\dot{q}_x$ 为单位时间内通过单位面积在 $x$ 方向上输运的热量，$\mathrm{W/m^2}$；$\lambda$ 为热导率，$\mathrm{W/(m \cdot K)}$；$\partial T/\partial x$ 为 $x$ 方向上的温度梯度，$\mathrm{K/m}$；负号表示热量传递方向与温度升高的方向相反。

$$\begin{aligned} \frac{\partial}{\partial t}(\rho e) + \nabla \cdot (\rho e v) = {}& \rho q + \frac{\partial}{\partial x}\left(\lambda\frac{\partial T}{\partial x}\right) + \frac{\partial}{\partial y}\left(\lambda\frac{\partial T}{\partial y}\right) + \frac{\partial}{\partial z}\left(\lambda\frac{\partial T}{\partial z}\right) \\ & - p\left(\frac{\partial u}{\partial x} + \frac{\partial v}{\partial y} + \frac{\partial w}{\partial z}\right) + \mu'\left(\frac{\partial u}{\partial x} + \frac{\partial v}{\partial y} + \frac{\partial w}{\partial z}\right)^2 \\ & + \mu\left[2\left(\frac{\partial u}{\partial x}\right)^2 + 2\left(\frac{\partial v}{\partial y}\right)^2 + 2\left(\frac{\partial w}{\partial z}\right)^2\right. \\ & \left. + \left(\frac{\partial u}{\partial y} + \frac{\partial v}{\partial x}\right)^2 + \left(\frac{\partial u}{\partial z} + \frac{\partial w}{\partial x}\right)^2 + \left(\frac{\partial w}{\partial y} + \frac{\partial v}{\partial z}\right)^2\right] \end{aligned} \tag{2.16}$$

式中：$q$ 为单位质量流体的体积加热率。

本书研究的开关柜中的绝缘介质为空气，其为密度可变的可压缩流体，因此计算过

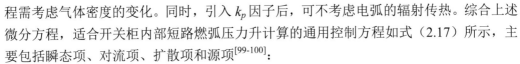

程需考虑气体密度的变化。同时，引入 $k_p$ 因子后，可不考虑电弧的辐射传热。综合上述微分方程，适合开关柜内部短路燃弧压力升计算的通用控制方程如式（2.17）所示，主要包括瞬态项、对流项、扩散项和源项[99-100]：

$$\underbrace{\partial(\rho\varPhi)/\partial t}_{\text{瞬态项}} + \underbrace{\nabla\cdot(\rho v\varPhi)}_{\text{对流项}} = \underbrace{\nabla\cdot(\varGamma_\varPhi\nabla\varPhi)}_{\text{扩散项}} + \underbrace{S_\varPhi}_{\text{源项}} \tag{2.17}$$

相应的质量、动量和能量守恒方程（考虑黏性的影响）可由式（2.18）～式（2.22）表示。

质量守恒：

$$\partial\rho/\partial t + \nabla\cdot(\rho v) = 0 \tag{2.18}$$

动量守恒 $x$ 方向：

$$\partial(\rho u)/\partial t + \nabla\cdot(\rho u v) = \nabla\cdot(\mu\nabla u) + S_{Mx} \tag{2.19}$$

动量守恒 $y$ 方向：

$$\partial(\rho v)/\partial t + \nabla\cdot(\rho v v) = \nabla\cdot(\mu\nabla v) + S_{My} \tag{2.20}$$

动量守恒 $z$ 方向：

$$\partial(\rho w)/\partial t + \nabla\cdot(\rho w v) = \nabla\cdot(\mu\nabla w) + S_{Mz} \tag{2.21}$$

能量守恒：

$$\frac{\partial(\rho h)}{\partial t} + \nabla\cdot(\rho v h) = \nabla\cdot\left(\frac{\lambda}{c_p}\nabla h\right) + k_p\cdot P_{\text{arc}} + q_\eta \tag{2.22}$$

动量守恒方程中，$S_{Mx}$、$S_{My}$、$S_{Mz}$ 分别为 $x$、$y$、$z$ 三个方向的动量源项，主要包括黏性力项、压差力项和体积力项，对于短路燃弧的压力升计算而言，体积力项，即重力的影响可忽略不计。能量守恒方程中，$h$ 为比焓；$q_\eta$ 为气体黏性耗散项，主要为表面力（压力和黏性力）对流体微团所做的功；$k_p\cdot P_{\text{arc}}$ 为电弧的热等效功率。

## 4. 边界条件和初始条件

为确保温度-流体场求解的唯一性，需设定相关边界条件。流体场常用的边界条件主要包括以下四类[97]。

（1）无滑移壁面边界条件：固体壁面边界处的流体速度与壁面的运动速度相同，对于壁面静止的情况，其边界条件可由式（2.23）表示：

$$v_{\text{wall}} = 0 \tag{2.23}$$

式中：$v_{\text{wall}}$ 为固体壁面边界处流体的速度。

（2）入口边界条件：对于亚音速流动，在流场入口处，一般给定压力和温度等边界条件，并设定为常数，可由式（2.24）表示：

$$p\big|_{\text{in}} = \text{const} \quad \text{和} \quad T\big|_{\text{in}} = \text{const} \tag{2.24}$$

（3）出口边界条件：对于亚音速流动，在流场出口处，一般给定压力边界条件，并设为常数，可由式（2.25）表示：

$$p\big|_{\text{out}} = \text{const} \tag{2.25}$$

（4）对称边界条件：对于某些对称模型，为减少计算量，可设置对称边界条件，在对称面满足法线方向的速度为 0，温度、压强在法线方向的梯度为 0 的条件，可由式（2.26）表示：

$$v_n = 0 \quad \text{和} \quad \partial p / \partial n = 0, \ \partial T / \partial n = 0 \tag{2.26}$$

温度场的三类边界条件用数学方式描述如下。

（1）第一类边界条件：指定边界的具体温度，如式（2.27）所示：

$$T = T_{\text{spec}} \tag{2.27}$$

式中：$T_{\text{spec}}$ 为指定边界的温度，为常数或随空间和时间变化的函数。

（2）第二类边界条件：即傅里叶定律，指定边界的热流密度，式（2.28）所示：

$$-\lambda \frac{\partial T}{\partial n} = q_{\text{w}} \tag{2.28}$$

式中：$q_{\text{w}}$ 为给定的热流密度函数，W/m$^2$。

（3）第三类边界条件：给定对流换热系数，通过计算获得热流密度，如式（2.29）所示：

$$q_{\text{w}} = h_{\text{c}}(T_{\text{b}} - T_{\text{nw}}) \tag{2.29}$$

式中：$h_{\text{c}}$ 为给定的对流换热系数；$T_{\text{b}}$ 为指定壁面边界的温度；$T_{\text{nw}}$ 为壁面边界附近的流体温度。

对于开关柜内部短路燃弧压力升的计算，流体场主要用到无滑移壁面边界条件、开口边界条件和对称边界条件。同时，由于 $k_p$ 因子的引入，以及燃弧时间较短（毫秒级），流体与固体壁面接触的时间较短，参与热交换的能量较少，金属外壳及固体壁面均作为绝热边界处理，即使用第二类边界条件：热流密度 $q_{\text{w}} = 0$。

对于非定常流动，还需指定初始条件，温度、流体场求解的初始条件如式（2.30）所示：

$$\begin{cases} T\big|_{t=0} = T_{\text{spec}} \\ p\big|_{t=0} = p_{\text{spec}} \\ \boldsymbol{v}\big|_{t=0} = \boldsymbol{v}_{\text{spec}} \end{cases} \tag{2.30}$$

式中：$T_{\text{spec}}$、$p_{\text{spec}}$、$\boldsymbol{v}_{\text{spec}}$ 分别为初始时刻计算域的温度、压强和流速分布。若为常数，则表示流体的温度、压强和流速均匀分布；若为分布函数，则表示各量的分布不均匀。

## 2.2.2　湍流模型

开关柜内部短路燃弧爆炸时，释放出的巨大能量会给周围空气带来强烈的扰动，这时空气的流动过程较为复杂。流体的流动状态（层流和湍流）可用无量纲的雷诺数 $Re$ 来标定[101]，具体如式（2.31）所示：

$$Re = \rho \cdot v_\infty \cdot L / \mu \tag{2.31}$$

式中：$v_\infty$ 和 $L$ 分别为特征速度和特征长度。

对于管道中的流体，当 $Re < 2300$ 时为层流状态，当 $Re > 4000$ 时为湍流状态，位于两者之间时为过渡状态[102]。由于在开关柜内部短路燃弧过程中，气体的流速较大，且流动较为紊乱，气体流动通常为湍流状态。湍流流体内部除了黏性应力外，还存在附加应力，即雷诺应力。雷诺应力的引入，使雷诺时均 N-S 方程的求解不封闭，因此，需附加额外的半经验湍流模型进行求解[103]。常用的湍流模型有零方程湍流模型、单方程湍流模型、两方程湍流模型和多方程湍流模型[104]。其中两方程湍流模型是目前工程应用最广泛的湍流模型，其为将速度与长度分开求解的传输模型，典型的有 $k$-$\varepsilon$ 模型和 $k$-$\omega$ 模型。标准 $k$-$\varepsilon$ 模型由 Launder 和 Spalding[105]提出，其结构简单，鲁棒性和可靠性较好，适用于绝大多数工程问题[106]。综合考虑，开关柜内部短路燃弧压力升计算采用标准 $k$-$\varepsilon$ 湍流模型[107]。

$k$-$\varepsilon$ 湍流模型中，$k$ 为湍动能（速度波动的变化量），$m^2/s^2$；$\varepsilon$ 为湍流耗散率（速度波动耗散的速率），$m^2/s^3$。式（2.32）～式（2.34）为标准的 $k$-$\varepsilon$ 模型方程[108]：

$$\frac{\partial(\rho k)}{\partial t} + \nabla \cdot (\rho v k) = \nabla \cdot \left[\left(\mu + \frac{\mu_t}{\sigma_k}\right)\nabla k\right] + P_k - \rho\varepsilon \tag{2.32}$$

$$\frac{\partial(\rho\varepsilon)}{\partial t} + \nabla \cdot (\rho v \varepsilon) = \nabla \cdot \left[\left(\mu + \frac{\mu_t}{\sigma_\varepsilon}\right)\nabla\varepsilon\right] + \frac{\varepsilon}{k}(C_{\varepsilon 1}P_k - C_{\varepsilon 2}\rho\varepsilon) \tag{2.33}$$

$$\mu_t = C_\mu \rho k^2 / \varepsilon \tag{2.34}$$

式中：$\mu_t$ 为湍动能黏度；$P_k$ 为浮力的影响和黏性力的湍流产物；$C_\mu$、$C_{\varepsilon 1}$、$C_{\varepsilon 2}$、$\sigma_k$、$\sigma_\varepsilon$ 为常数。

### 2.2.3  理想气体模型

对于可压缩流动，为了对守恒方程进行求解，还需增加气体状态方程。理想气体状态方程基于热力学平衡条件，描述了处于热力学平衡的物质的状态，具体如式（2.35）所示：

$$p \cdot V = n \cdot R \cdot T \tag{2.35}$$

理想气体的内能 $E$ 只与气体分子数 $n$ 和温度 $T$ 有关，可用式（2.36）表示：

$$E = E(n, T) \tag{2.36}$$

内能的变化可用式（2.37）表示：

$$\mathrm{d}E(n,T) = \frac{\partial E(n,T)}{\partial T}\mathrm{d}T + \frac{\partial E(n,T)}{\partial n}\mathrm{d}n \tag{2.37}$$

当不考虑气体的离解和电离时，气体分子数为常数，气体内能只与温度有关，因此式（2.37）可写为

$$E(n,T) = \int_{T_0}^{T} C_V(n,T)\mathrm{d}T = n \cdot \int_{T_0}^{T} C_{V,\mathrm{m}}(T)\mathrm{d}T \tag{2.38}$$

式中：$T_0$ 为参考温度，可定义为 0 K。

比定容热容 $C_V$ 和摩尔定容热容 $C_{V,\mathrm{m}}$ 的关系如式（2.39）所示：

$$C_V(n,T) = \left[\frac{\partial E(n,T)}{\partial T}\right]_V = n \cdot C_{V,\mathrm{m}}(T) = n \cdot \left[\frac{\partial \overline{e}(T)}{\partial T}\right]_V \tag{2.39}$$

焓 $H$ 的定义如式（2.40）所示：

$$H = E + pV \tag{2.40}$$

与式（2.38）类似，焓 $H$ 可用式（2.41）表示：

$$H(n,T) = \int_{T_0}^{T} C_p(n,T)\mathrm{d}T = n \cdot \int_{T_0}^{T} C_{p,\mathrm{m}}(T)\mathrm{d}T \tag{2.41}$$

比定压热容 $C_p$ 和摩尔定压热容 $C_{p,\mathrm{m}}$ 的关系如式（2.42）所示：

$$C_p(n,T) = \left[\frac{\partial H(n,T)}{\partial T}\right]_p = n \cdot C_{p,\mathrm{m}}(T) = n \cdot \left[\frac{\partial \overline{h}(T)}{\partial T}\right]_p \tag{2.42}$$

内能 $E$ 和焓 $H$ 与质量 $m$ 的关系还可以用定容和比定压热容来表示，如式（2.43）和式（2.44）所示：

$$E(m,T) = m \cdot \int_{T_0}^{T} c_V(T)\,\mathrm{d}T \tag{2.43}$$

$$H(m,T) = m \cdot \int_{T_0}^{T} c_p(T)\,\mathrm{d}T \tag{2.44}$$

当气体的定容和比定压热容为常数，即不考虑气体分子的体积和分子间的相互作用时，分子间的碰撞为弹性碰撞，则内能和焓可分别用式（2.45）和式（2.46）表示[39]：

$$E(T) = C_V \cdot \mathrm{d}T = m \cdot c_V \cdot (T - T_0) \tag{2.45}$$

$$H(T) = C_p \cdot \mathrm{d}T = m \cdot c_p \cdot (T - T_0) \tag{2.46}$$

对于理想气体模型，气体参数与温度和分子数（压强）等量有关。当气体没有发生离解和电离，即气体的组分没有发生改变时，理想气体模型都是适用的[71]；而当气体的组分发生改变时，需要考虑气体组分物质的量的改变，此时，内能的改变等于不同组分内能的改变之和。开关柜的绝缘介质为空气，当内部发生短路燃弧故障时，虽然电弧区域的温度较高，已超过气体的离解温度，可能会造成气体的参数如比热容等有所改变，但由于电弧区域所占体积较小，柜体内部大部分气体的温度一般仍低于空气的离解温度 6000 K[49]。所以，为简化分析，柜体中的气体采用理想气体模型来描述是可行的[84]。

## 2.2.4 多物理场耦合求解方法

为求解上述守恒方程,通常将偏微分方程离散为代数方程,从而实现迭代求解。常规的离散方法包括有限差分法、有限元法(finite element method,FEM)[109-111]和有限体积法(finite volume method,FVM)[112]。

有限差分法是数值解法中最经典的方法,它利用与坐标轴平行的一系列网格线形成的差分网格来划分原求解区域,然后在每个网格节点上将偏微分方程的导数用相应的差商来代替,从而在每个节点上形成一个代数方程,通过求解所有节点组成的代数方程组来获得所需的数值解[113]。这种方法的网格剖分算法简单、易于实现,对简单几何形状中的流动适用性较强,但仅当网格比较密时,离散方程才满足积分守恒。

FEM 将一个连续的求解域划分为有限个适当形状且不重叠的微小单元,并于各个单元分片构造插值函数,这样整个求解域上待求解可通过单元分片表示,单元内的变量值则根据变量及其导数在各节点的数值及其插值函数来表示;然后根据极值原理(变分或加权余量法),将问题的控制方程转化为所有单元上的有限元方程,将总体的极值作为各单元极值之和,结合指定的边界条件形成待求代数方程组,求解该方程组可获得每个单元节点的变量值。FEM 对不规则、复杂区域的适应性好,但计算量大。

FVM 是从流体运动积分形式的守恒方程出发建立离散方程。首先将求解域离散为有限个互不重叠的控制体积,保证每个控制体积内部都有一个代表节点;然后假定因变量在网格点之间的变化规律,通过将微分控制方程对每一个控制体积进行积分来获得包含待求节点变量的离散方程组。图 2.5 为 FVM 单元节点与控制体积关系的二维模型示意图,图中,$W$ 为所研究的节点,其周围的控制体积如图中阴影网格所示,控制体积的边长分别为 $\Delta x$ 和 $\Delta y$,节点 $W$ 周围的节点和控制体分别用 $W_1$、$W_2$、$W_3$ 和 $W_4$ 表示,节点 $w_1$、$w_2$、$w_3$ 和 $w_4$ 分别为控制体 $W$ 的四个界面。

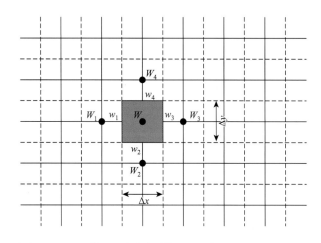

图 2.5 FVM 单元节点与控制体积关系的二维模型示意图

因为对每一个控制体积，都能够保证其基本物理量（质量、动量和能量）是守恒的，所以采用 FVM 推导出的离散方程仍可以保证具有守恒特性，离散方程的系数均具有明确的物理意义，可应用于任意不规则的网格，且计算量适中[99]。FVM 基本结合了有限差分法在格式构造上具有多样性和 FEM 易于处理复杂模型、网格划分灵活的优点，是流体数值计算中广泛采用的方法之一。基于 FVM 的上述优点，结合开关柜内部短路爆炸问题的特点（模型复杂、计算量较大），采用 FVM 进行离散。

采用 FVM 获得控制体积后，通过控制方程在控制体积内进行积分可建立代数方程进行求解，由式（2.17）可知，控制方程主要包括瞬态项、对流项、扩散项和源项，当瞬态求解模式为二阶向后欧拉（Euler）模式时，将各项对控制体积积分，可得式（2.47）～式（2.50）。

瞬态项：

$$\int_V \frac{\partial(\rho\Phi)}{\partial t}\,\mathrm{d}V = \frac{V}{\Delta t}\left[\frac{3}{2}(\rho\Phi) - 2(\rho\Phi)^0 + \frac{1}{2}(\rho\Phi)^{00}\right] \tag{2.47}$$

式中：$V$ 为控制体的体积；上标是 0 和 00 的变量分别为前一时间步和前两时间步的数值。

对流项：

$$\int_V \nabla\cdot(\rho\Phi\boldsymbol{v})\cdot\mathrm{d}V = \oint_A \rho\Phi\boldsymbol{v}\cdot\boldsymbol{n}\cdot\mathrm{d}A = \sum_a \rho_a\Phi_a\cdot v_a^n\cdot A_a = \sum_a M_a\cdot\Phi_a \tag{2.48}$$

式中：$A$ 为控制体的总表面积；$a$ 为控制体的子表面；$\boldsymbol{n}$ 为表面法线方向的单位向量；$v_a^n$ 为表面法线方向的速度；$M_a$ 为通过表面的质量流量；$\Phi_a$ 为子表面的守恒变量。

控制体表面的值通过插值获得，根据对流项的求解精度要求可选择不同的插值方式。

扩散项：

$$\int_V \nabla\cdot(\Gamma_\Phi\cdot\nabla\Phi)\cdot\mathrm{d}V = \oint_A \Gamma_\Phi\cdot\nabla\Phi\cdot\boldsymbol{n}\cdot\mathrm{d}A = \sum_a \Gamma_a\cdot\left(\frac{\partial\Phi}{\partial n}\right)\cdot A_a \tag{2.49}$$

通常情况下，源项一般进行线性化处理，即 $S_\Phi = S_C + S_P\Phi$，其中，$S_C$ 为常数项，$S_P$ 为随时间和物理量变化的函数，则源项的积分表达如式（2.50）所示。

源项：

$$\int_V S_\Phi\cdot\mathrm{d}V = (S_C + S_P\cdot\Phi)\cdot V \tag{2.50}$$

式（2.47）～式（2.50）为控制体的非线性代数方程组，结合气体状态方程，通过迭代进行求解。由于上述方程相互耦合程度较高，目前较多 CFD 软件均采用压力校正法进行求解[114]，主要包括 SIMPLE、SIMPLEC[115]、PISO 和 Coupled 等算法[116]，其中 SIMPLE、SIMPLEC、PISO 均为半隐式求解方法。SIMPLE 算法核心为"预测-修正"。首先假定速度分布，计算动量离散方程中的系数及常数项；然后假定一个初始压力场，

依次求解动量方程，得到速度场。因为压力场是假定的或不精确的，所以得到的速度场一般不满足连续性方程。因此，必须对初始压力场和速度场进行修正，修正的原则是修正后的压力场相对应的速度能满足当前迭代层次上的连续性方程。SIMPLEC 的思路与 SIMPLE 基本一致，不同之处在于 SIMPLEC 算法在压力–速度修正方法上有所改进，并将压力弛豫因子设为 1，加快了计算收敛速度。

PISO 算法是基于 SIMPLE 算法的改进算法，SIMPLE 和 SIMPLEC 算法中，利用压力校正方程解出的新速度值和相应的通量不满足动量平衡，所以必须反复迭代直至收敛。PISO 算法执行相邻校正（动量校正）和偏斜校正，通过预测—修正—再修正过程，提高了计算效率。在相邻校正中，将 SIMPLE 和 SIMPLEC 算法中压力校正方程求解阶段的重复计算过程移除[117]，经过一个或多个附加的 PISO 循环，校正的速度会更接近满足连续性和动量方程。PISO 偏斜校正可以大大减小计算高度扭曲网格所遇到的收敛困难，从高度偏斜的网格上得到和正交网格相似的解[118]。PISO 算法在每次迭代中要花费较多的 CPU（系统中央处理器）时间，但是极大地减少了收敛所需要的迭代次数，尤其是对于瞬态问题，这一优点更为明显。Coupled 算法为全隐式求解方法，可以对连续性、动量和能量方程同时求解。对于瞬变流，当网格质量较低，需要使用较大时间步长时，采用该算法可以获得较好的结果，且收敛速度较半隐式求解方法更快。

由于研究对象开关柜的结构较为复杂，获得高质量的网格单元难度较大，同时发生短路燃弧爆炸时，柜体内部的气体压力较大，且为瞬态问题，综合对比上述求解方法的差异，采用 Coupled 算法进行求解。

## 2.2.5　计算模型的实现流程

由 2.1.1 小节的分析可知，柜体内部发生短路燃弧故障时，会经历压缩、膨胀、喷射和热效应阶段。其中压缩阶段以压力升高为主，即在泄压盖开启前（燃弧数十毫秒），柜体内部的压力效应影响较大，而温度的影响较小；热效应阶段压力升已降低至较小值，此时高温效应才逐渐凸显。可见燃弧过程中，压力及温度的影响时间段并不相同。对于开关柜而言，过压力引起的冲击效应对柜体及建筑物的影响较大，一旦泄压盖未能正常开启，在保护动作前柜体便很容易发生爆裂，造成高压高温气流逸出柜体，从而对周围设备以及工作人员带来严重的热效应危害。因此，为了研究开关柜内部短路燃弧引起的压力效应，获得柜体内部较为准确的压力分布，忽略热效应的影响，仅考虑压缩和膨胀阶段，提出了基于电弧能量热等效的压力升简化算法[119]。具体思路及流程如图 2.6 所示，图中虚线框内为温度流体场计算。

该算法将电弧等离子体等效为固定大小的热源，简化了电弧等离子体本身的物理特性，根据实际电弧电流和弧压等参数，计算得到电弧功率的变化规律，结合上述提出的

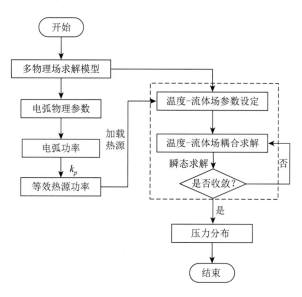

图 2.6　开关柜内部短路燃弧压力升计算流程

$k_p$ 因子，可获得开关柜内部短路燃弧爆炸时引起压力上升的热源功率大小。计算过程中，假设电弧区域的能量均匀分布，其功率 $P_{\text{therm}}$ 通过式（2.51）计算得到：

$$P_{\text{therm}} = k_p \cdot U_{\text{arc}} \cdot i \tag{2.51}$$

式中：$U_{\text{arc}}$、$i$ 分别为弧压和电弧电流的瞬时值；$k_p$ 为热转换系数。

　　施加电弧功率后，采用理想气体模型和 $k$-$\varepsilon$ 湍流模型，基于前述 CFD 法的相关理论，通过温度-流体场瞬态全隐式耦合求解获得开关柜内部的压力升分布规律，结果可通过热源功率 $P_{\text{therm}}$ 进行修正。由于该方法未建立实际电弧等离子体物理模型，忽略了电弧在磁场、流体场中的运动特性，且未考虑电磁场、温度场以及流体场的相互耦合作用，仅将电弧功率当作热源输入量，通过温度-流体场耦合求解获得压力升分布，与现有大部分考虑电弧物理特性的研究方法相比，大大减少了计算量，可实现对开关柜复杂模型内部压力升的局部求解。

## 2.3　短路燃弧爆炸冲击波相关理论

　　爆炸是指极短时间内发生能量转换或气体体积急剧膨胀的现象[120-122]。开关柜内部短路燃弧过程时间较短、能量较大，是一种典型的爆炸现象。爆炸可能会使柜体内部形成冲击波作用于柜壁表面。本节就爆炸产生冲击波过程的相关理论进行分析。按照从一般到特殊的原则，根据 2.2.1 小节中流体场基本控制方程，以平面一维流动为例进行描述[122]。

### 2.3.1 一维等熵流动基本方程

平面一维流动中，气体参量压强 $p$、密度 $\rho$、速度 $u$（$x$ 方向）、比内能 $e$ 和温度 $T$ 等仅随时间 $t$ 和位置 $x$ 变化，为推导一维流动基本方程，作如下假设：①忽略气体重力等体积力的作用，相对于短路燃弧爆炸产生的高压而言，气体重力的作用可忽略不计；②忽略气体与外界的热传导，爆炸过程中，压力波和气体的流速较大，而柜壁与外界热传导的速度较小，因此，可不考虑气体与外界的热交换；③开关柜内部短路爆炸时，气体做高 $Re$ 的湍流运动，因此，可忽略气体内部的黏性作用。

参考流体场基本控制方程［式（2.17）］，根据上述假设，可获得平面一维等熵流动的动力学基本方程，具体如下。

由式（2.8），得到由式（2.52）表示的一维流动质量守恒方程：

$$\frac{\partial \rho}{\partial t} + u\frac{\partial \rho}{\partial x} + \rho\frac{\partial u}{\partial x} = 0 \tag{2.52}$$

由式（2.14），得到由式（2.53）表示的一维流动动量守恒方程：

$$\frac{\partial u}{\partial t} + u\frac{\partial u}{\partial x} + \frac{1}{\rho}\frac{\partial p}{\partial x} = 0 \tag{2.53}$$

由式（2.16），得到由式（2.54）表示的一维流动能量守恒方程：

$$\rho\frac{\mathrm{d}e}{\mathrm{d}t} + p\frac{\partial u}{\partial x} = \rho\boldsymbol{q} \tag{2.54}$$

假设在 $\mathrm{d}t$ 时间内，燃弧爆炸产生能量瞬间释放，其后无内部热源，则 $\boldsymbol{q}=0$，可将式（2.54）写为式（2.55）：

$$\rho\frac{\mathrm{d}e}{\mathrm{d}t} + p\frac{\partial u}{\partial x} = 0 \tag{2.55}$$

由式（2.52）和式（2.55）可得式（2.56）：

$$\frac{\mathrm{d}e}{\mathrm{d}t} - \frac{p}{\rho}\frac{\mathrm{d}\rho}{\mathrm{d}t} = 0 \tag{2.56}$$

参考理想气体状态方程，由式（2.35）和式（2.45），有式（2.57）：

$$\begin{cases} \mathrm{d}e = c_V\mathrm{d}T \\ pV = p/\rho = RT \end{cases} \tag{2.57}$$

则有式（2.58）：

$$\frac{\mathrm{d}p}{\rho} - \frac{p}{\rho^2}\mathrm{d}\rho = R\mathrm{d}T \tag{2.58}$$

综合式（2.56）～式（2.58），可得式（2.59）：

$$\rho\mathrm{d}p = \left(1 + \frac{R}{c_V}\right)p\mathrm{d}\rho = \gamma \cdot p\mathrm{d}\rho \tag{2.59}$$

对式（2.59）进行积分，可得由式（2.60）表示的理想气体绝热等熵流动能量方程：

$$p\rho^{-\gamma} = \text{const} \tag{2.60}$$

式中：$\gamma$ 为绝热指数。

式（2.52）、式（2.53）和式（2.60）即为平面一维等熵流动基本方程组。

## 2.3.2　弱扰动波过程

### 1. 压力波的传播速度

波的形成与扰动密不可分，介质局部状态变化的传播称为波。开关柜内部发生短路燃弧爆炸时，电弧的能量瞬间释放并压缩周围空气，从而形成压力波向四周传播。在压力波的传播过程中，存在已受扰动区和未受扰动区的分界面，该分界面称为波阵面。压力波的传播速度即波阵面相对未扰动介质的运动速度。

以平面一维流动为例来分析压力波的传播速度。取截面积为 $A_0$ 的固定流管，如图 2.7 所示，初始时刻 $t$，压力波到达截面 $O$—$O$，其前未扰动的气体状态分别为：压力 $p_0$、密度 $\rho_0$ 和流速 $u_0$；压力波以相对地面的速度 $D$、气体以速度 $u_0$ 向右传播，经时间 $\Delta t$ 后传播至截面 $P$—$P$，其前面的气体状态保持不变。截面 $O$—$O$ 至 $P$—$P$ 之间的气体状态为：压力 $p_0 + \Delta p$、密度 $\rho_0 + \Delta \rho$ 和流速 $u_0 + \Delta u$。

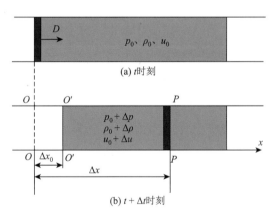

图 2.7　压力波传播

根据质量守恒定律，由波阵面流入的气体质量与流出的气体质量相等，见式（2.61）：

$$\rho_0(D - u_0) = (\rho_0 + \Delta\rho)[(D - u_0) - \Delta u] \tag{2.61}$$

根据波速的定义有 $c = D$–$u_0$，代入式（2.61）得

$$\rho_0 \cdot c = (\rho_0 + \Delta\rho)(c - \Delta u) \tag{2.62}$$

根据动量守恒定律，受扰动介质的动量变化等于其受到的冲量，则有

$$\begin{cases} \Delta m \cdot [(u_0 + \Delta u) - u_0] = [(p_0 + \Delta p) - p_0] \cdot A_0 \cdot \Delta t \\ \Delta m = \rho_0 \cdot c \cdot \Delta t \cdot A_0 \end{cases} \quad (2.63)$$

式（2.63）不计气体的黏性，联立式（2.62）和式（2.63）可得式（2.64）：

$$c^2 = \frac{\rho_0 + \Delta \rho}{\rho_0} \cdot \frac{\Delta p}{\Delta \rho} \quad (2.64)$$

对于弱扰动波（如声波），有 $(\rho_0 + \Delta \rho)/\rho_0 \rightarrow 1$，$\Delta p/\Delta \rho \rightarrow \mathrm{d}p/\mathrm{d}\rho$，则 $c$ 由式（2.65）表示：

$$c = \sqrt{\mathrm{d}p/\mathrm{d}\rho} \quad (2.65)$$

与热传导速度相比，空气中压力波的传播速度极快，受扰动气体的热量来不及传递给周围气体。因此，可将压力波的传播过程视为绝热过程。同时，对于弱扰动过程，气体状态变化是连续的，不考虑能量损失，即波的传播过程为等熵（熵 $S$，比熵 $s$）的。式（2.65）的严格表达式为式（2.66）：

$$c = \sqrt{(\partial p/\partial \rho)_S} \quad (2.66)$$

参考理想气体等熵方程（2.60），得到式（2.67）所示的弱扰动压力波的速度 $c$：

$$c = \sqrt{\gamma p/\rho} \quad (2.67)$$

可见压力波的传播速度与压强成正比，与密度成反比。

## 2. 弱扰动波动方程

设 $t$ 时刻，压力波的波阵面达到空间某点 $x$，该处的初始状态为：压力 $p_0$、密度 $\rho_0$、流速 $u_0$。经过微小时间 $\mathrm{d}t$ 后，状态改变为：压力 $p_0 + p'$、密度 $\rho_0 + \rho'$、流速 $u_0 + u'$。对于弱扰动，有 $p' \ll p_0$，$\rho' \ll \rho_0$，$u' \rightarrow 0$。假设 $x$ 点附近气体受扰动前属于均匀、恒定静止流场，则有

$$\frac{\partial p_0}{\partial t} = \frac{\partial p_0}{\partial x} = \frac{\partial \rho_0}{\partial t} = \frac{\partial \rho_0}{\partial x} = u_0 = 0 \quad (2.68)$$

质量守恒方程可由式（2.69）表示：

$$\frac{\partial \rho'}{\partial t} + \rho_0 \frac{\partial u'}{\partial x} = 0 \quad (2.69)$$

同理，动量守恒方程可由式（2.70）表示：

$$\rho_0 \frac{\partial u'}{\partial t} + \frac{\partial p'}{\partial x} = 0 \quad (2.70)$$

式（2.69）对 $t$ 求偏导，式（2.70）对 $x$ 求偏导，并相减，可得式（2.71）：

$$\frac{\partial^2 \rho'}{\partial t^2} - \frac{\partial^2 p'}{\partial x^2} = 0 \quad (2.71)$$

根据式（2.66），考虑到 $p'$ 和 $\rho'$ 均为微小增量，则初始波速 $c_0$ 可由式（2.72）表示：

$$c_0^2 = \left(\frac{\partial p}{\partial \rho}\right)_{s,0} \approx \frac{p'}{\rho'} \Rightarrow \rho' = \frac{p'}{c_0^2} \tag{2.72}$$

将式（2.72）代入式（2.71）得到式（2.73）：

$$\frac{\partial^2 \rho'}{\partial t^2} - c_0^2 \frac{\partial^2 \rho'}{\partial x^2} = 0 \tag{2.73}$$

同理，可得到式（2.74）所示的方程组：

$$\begin{cases} \dfrac{\partial^2 p'}{\partial t^2} - c_0^2 \dfrac{\partial^2 p'}{\partial x^2} = 0 \\[2mm] \dfrac{\partial^2 u'}{\partial t^2} - c_0^2 \dfrac{\partial^2 u'}{\partial x^2} = 0 \end{cases} \tag{2.74}$$

上述均为标准的波动方程，表明弱扰动在空间某处的超压、密度增量和速度增量均以速度 $c_0$ 在波动。

## 2.3.3　强扰动波过程

### 1. 冲击波的基本理论及形成机制

开关柜内部短路燃弧爆炸涉及复杂的物理、化学过程，其瞬间产生的巨大能量以气体爆炸的方式释放，电弧周围的空气急剧膨胀并压缩周围空气，从而形成冲击波由电弧中心向四周传播，该过程为强扰动。与弱扰动相比，冲击波的特点有[123]：①波阵面前后气体的参数是突跃变化的；②冲击波的传播过程仍为绝热，但不是等熵的；③冲击波的速度对未受扰动介质而言是超声速的，对已受扰动介质是亚声速的。

波过后压力升高的波为压缩波，压力降低的波为稀疏波。压缩波过后，介质压力、密度、温度等状态参量都会增加，且波后质点运动方向与波的传播方向一致；相反，稀疏波过后，介质的状态参量都会降低，且波后质点的运动方向与波的传播方向相反。压缩波有强弱之分，强压缩波称为冲击波，即激波[124]。对开关柜内部短路燃弧爆炸而言，在起弧瞬间，很容易在电弧周围形成强空气压缩层，即爆炸冲击波[125]。

冲击波在传播过程中会形成间断面，该间断面两侧有关的物理量将产生跃变，爆炸冲击波的强间断面通常在瞬间就能形成[126]，其形成机制可用活塞的运动来说明，具体过程如图 2.8 所示[124, 127-128]。图 2.8 中，一很长的直管左侧放置一活塞，初始时刻 $t_0$，活塞与管内气体均静止，其状态参数为 $p_0$、$\rho_0$ 和 $T_0$。当突然向右轻推活塞时（$t_1$ 时刻），活塞前方气体被压缩，使位于 $R_0$ 与 $R_1$ 之间的空气质点被压缩至 $R_1$ 与 $A_1$ 之间，压缩状态逐渐向右传播，这时会形成压缩波，其波阵面位于 $A_1$ 处。当稍加速继续推动活塞时

（$t_2$ 时刻），管内气体又被压缩一次，使位于 $R_1$ 与 $R_2$ 之间的空气质点被压缩到 $R_2$ 与 $A_2$ 之间，从而形成第二道压缩波，其波阵面位于 $A_2$ 处，波后介质状态参数、质点运动速度均有所增加。同理，继续加速推动活塞，管内气体不断受到压缩，产生一道道向右传播的压缩波，质点运动速度不断提高，压缩波的传播速度——当地声速也不断提高。在 $t_4$ 时刻，后面的压缩波均已赶上第一道压缩波，叠加后会形成压强突跃升高的强压缩波——冲击波。在波阵面 $A_4$ 上，各参量如压强、密度、温度均会发生突跃升高，而此处质点的运动速度为 0。因此，冲击波即为气体状态发生突跃改变的传播。

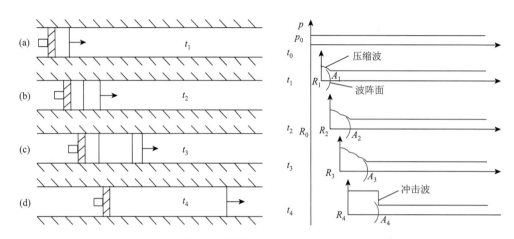

图 2.8　压缩波和冲击波的形成

当活塞突然停止运动时，气体由于惯性继续向右运动，此时会在活塞前方形成空腔，即在活塞与气体之间出现稀疏状态，这种状态向右传播，会形成稀疏波。其传播方向与冲击波的传播方向一致，使得冲击波的强度逐渐减弱，波后介质的状态参量也会有所降低，即稀疏波的存在会使压强下降。

由冲击波的形成过程可以看出：冲击波强间断面是由于气体迅速膨胀，邻近的空气被瞬间压缩，尾部压缩波赶上前方压缩波而形成的。

开关柜短路爆炸过程中，电弧区域的温度高于其他区域，后续压缩波的传播速度大于前方压缩波，因此很容易在柜体内形成冲击波。

**2. 冲击波的基本方程**

设有一正冲击波以速度 $D$（$D \gg c_0$ 初始波速）向右传播，波阵面前后的气体状态如图 2.9 所示。为方便分析，以波阵面为参考坐标系，则未受扰动的气体以速度 $D-u_0$ 进入波阵面，已受扰动的气体以速度 $D-u_1$ 流出波阵面。假设波阵面为单位面积，则根据质量守恒可得式（2.75）：

$$\rho_0(D - u_0) = \rho_1(D - u_1) \tag{2.75}$$

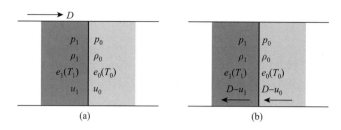

图 2.9　波阵面前后的气体状态

参考式（2.63）可得动量守恒方程如式（2.76）所示：

$$p_1 - p_0 = \rho_0(D - u_0)(u_1 - u_0) \tag{2.76}$$

冲击波传播过程可视为绝热过程，忽略气体的黏性及热传导等能量损耗，根据能量守恒有式（2.77）：

$$\rho_0(D - u_0)e_0 + p_0(D - u_0) + \frac{1}{2}\rho_0(D - u_0)(D - u_0)^2$$
$$= \rho_1(D - u_1)e_1 + p_1(D - u_1) + \frac{1}{2}\rho_1(D - u_1)(D - u_1)^2 \tag{2.77}$$

根据质量守恒和动量守恒方程，化简式（2.77）可得式（2.78）：

$$\rho_0(D - u_0)\left[(e_1 - e_0) + \frac{1}{2}(u_1^2 - u_0^2)\right] = p_1 u_1 - p_0 u_0 \tag{2.78}$$

对式（2.75）、式（2.76）和式（2.78）以比容 $\upsilon$ 代替密度 $\rho(\upsilon = 1/\rho)$，并对各式进行整理，可得兰金-于戈尼奥（Rankine-Hugoniot）方程[129]，具体如下：

$$\begin{cases} c = D - u_0 = \upsilon_0\sqrt{\dfrac{p_1 - p_0}{\upsilon_0 - \upsilon_1}} \\ e_1 - e_0 = \dfrac{1}{2}(p_1 + p_0)(\upsilon_0 - \upsilon_1) \end{cases} \tag{2.79}$$

式中：冲击波的速度 $c$ 与式（2.64）一致。式（2.79）体现了冲击波波阵面通过前后气体的内能变化与压力及比容之间的关系。当气体的状态 $e = e(p, \upsilon)$ 已知时，式（2.79）给出了压力和比容的关系，故又称式（2.79）为冲击绝热压缩方程。

## 2.3.4　壁面对冲击波的反射作用

壁面对短路燃弧爆炸冲击波的影响主要有两方面[122, 127]：当入射冲击波的传播方向垂直于壁面时，会在垂直壁面发生正反射，其传播的方向与入射波的方向相反；当入射冲击波的传播方向与壁面形成一定角度时，会在壁面形成斜反射。图 2.10 为正反射和斜反射示意图，图中冲击波的速度为 $D$，$p$、$\upsilon$、$u$、$\rho$ 为介质的压强、比容、速度和密度，下标为 0 表示波前参数，下标为 1 表示波后参数，下标为 2 表示反射后参数。

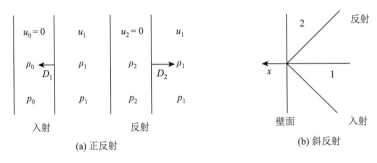

(a) 正反射　　　　　　　　　　　(b) 斜反射

图 2.10　障碍物对冲击波的影响

以正反射为例说明壁面对冲击波的影响，根据上述推导的兰金-于戈尼奥方程[130]，对于入射波，有式（2.80）～式（2.82）：

$$D_1 - u_0 = \upsilon_0 \sqrt{\frac{p_1 - p_0}{\upsilon_0 - \upsilon_1}} \tag{2.80}$$

$$u_1 - u_0 = \sqrt{(p_1 - p_0)(\upsilon_0 - \upsilon_1)} \tag{2.81}$$

$$\frac{\upsilon_1}{\upsilon_0} = \frac{\rho_0}{\rho_1} = \frac{(\gamma+1)p_0 + (\gamma-1)p_1}{(\gamma+1)p_1 + (\gamma-1)p_0} \tag{2.82}$$

对于反射波，有式（2.83）～式（2.85）：

$$D_2 - u_1 = -\upsilon_1 \sqrt{\frac{p_2 - p_1}{\upsilon_1 - \upsilon_2}} \tag{2.83}$$

$$u_2 - u_1 = -\sqrt{(p_2 - p_1)(\upsilon_1 - \upsilon_2)} \tag{2.84}$$

$$\frac{\upsilon_2}{\upsilon_1} = \frac{\rho_1}{\rho_2} = \frac{(\gamma+1)p_1 + (\gamma-1)p_2}{(\gamma+1)p_2 + (\gamma-1)p_1} \tag{2.85}$$

入射波遇到（刚性）壁面后，入射粒子速度降为 0，因此 $u_2 = u_0 = 0$，故有式（2.86）：

$$(p_1 - p_0)(\upsilon_0 - \upsilon_1) = (p_2 - p_1)(\upsilon_1 - \upsilon_2) \tag{2.86}$$

根据式（2.82）、式（2.85）和式（2.86）可得式（2.87）：

$$\frac{(p_1 - p_0)^2}{(\gamma+1)p_0 + (\gamma-1)p_1} = \frac{(p_2 - p_1)^2}{(\gamma+1)p_2 + (\gamma-1)p_1} \tag{2.87}$$

令 $\mathrm{d}p_1 = p_1 - p_0$，$\mathrm{d}p_2 = p_2 - p_0$，$p_2 - p_1 = \mathrm{d}p_2 - \mathrm{d}p_1$，式（2.87）可改写为式（2.88）：

$$\mathrm{d}p_2 = 2\mathrm{d}p_1 + \frac{(\gamma+1)\mathrm{d}p_1^2}{(\gamma-1)\mathrm{d}p_1 + 2\gamma p_0} \tag{2.88}$$

对于标态下空气，比热比 $\gamma = 1.4$，代入式（2.88）可得式（2.89）：

$$\mathrm{d}p_2 = 2\mathrm{d}p_1 + \frac{6\mathrm{d}p_1^2}{\mathrm{d}p_1 + 7p_0} \tag{2.89}$$

若为强冲击波，$dp_1 \gg p_0$，$dp_2/dp_1 = 2 + 6/(1 + 7\,p_0/\Delta p_1) \approx 8$；

若为弱冲击波，$dp_1 \ll p_0$，$dp_2/dp_1 = 2 + 6/(1 + 7\,p_0/\Delta p_1) \approx 2$。

可见，当不考虑气体参数变化（即比热比为常数）时，由于压力波的反射与叠加作用，冲击波在壁面的压强可增加到原来的 2～8 倍。张刘成[131]指出，当 $p_1/p_0 < 40$ 时，可忽略高温高压引起实际气体的离解，而实际开关柜内部短路燃弧爆炸产生的压力升（泄压盖开启条件下）远低于该比值，因此，将气体看成完全气体是可行的。

## 2.4　本 章 小 结

本章主要对开关柜内部短路燃弧爆炸特性、基于电弧能量热等效的压力升数值计算模型以及短路燃弧爆炸冲击波的相关理论进行了介绍。首先，根据实际开关柜内部短路燃弧型式试验，详细介绍了开关柜内部短路燃弧热-力效应，分析了压缩阶段、膨胀阶段、喷射阶段和热效应阶段的差异，并对燃弧过程隔室内部的能量平衡机制进行了阐述。其次，根据开关柜燃弧过程各阶段的压力升变化规律，提出了基于电弧能量热等效的压力升计算方法，即简化电弧等离子体本身的复杂物理过程，基于 $k_p$ 因子将其等效为热源，通过求解温度-流体场获得柜体内部的压力升分布，以达到减少计算量的目的。围绕实现该方法所涉及的 CFD 法理论基础，对控制方程、边界条件、理想气体模型、湍流模型和求解方法等进行了详细介绍。最后，对开关柜内部短路燃弧爆炸涉及波过程的相关理论进行了阐述，重点分析了冲击波的形成过程以及壁面对冲击波的反射、叠加效应。

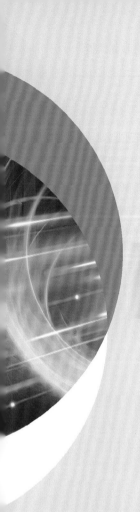

# 第 3 章

## 封闭容器内部短路燃弧试验及热转换系数计算

内部电弧故障（包括串型和并型电弧故障）为开关柜中不可忽视的安全隐患，其中并型电弧故障——短路燃弧爆炸的危害最严重。目前，主要通过型式试验等手段评估开关柜内部短路燃弧爆炸产生的压力效应，但其只能对开关柜的可靠性进行定性校核，无法定量揭示内部电弧故障的影响机制。通常情况下，开关柜内部电弧故障试验主要为三相短路燃弧试验，对电源容量要求较高，开展该试验存在试验准备周期长、人力及物力耗费大等不足。因此，开展小尺寸封闭容器内部单相短路燃弧试验成为研究该问题的主要手段。

开关柜内部短路燃弧爆炸压力效应计算中，$k_p$ 的取值成为重点和难点问题。目前，虽然对封闭容器内部短路燃弧压力效应的试验与仿真开展了较多研究，但主要以提出数值计算方法和获得压力升的数值为主，而对封闭条件下的电弧特性、压力升的变化规律及 $k_p$ 的变化规律研究较少；同时，现有研究以间隙距离 5 cm 及以下短间隙为主，但实际高压开关柜内部发生电弧故障部位的间隙距离较大（一般为 10 cm 以上），短间隙燃弧获得的相关规律可能并不适用。因此，有必要针对封闭容器在不同短路间隙距离下的电弧特性、压力升和 $k_p$ 的变化规律开展系统深入的研究。

本章利用 LC 振荡回路开展封闭容器内部棒-棒间隙短路燃弧试验，以模拟并型电弧故障；通过测量电弧电流、电弧电压（简称弧压）和压强（压力升）等数据，分析不同短路电流和间隙距离下容器内部电弧的燃烧特性以及压强的变化规律，对计算方法的有效性进行验证，并研究电弧尺寸对压力分布的影响；提出 $k_p$ 的计算方法，结合本章试验以及前人研究结果获得 $k_p$ 的变化规律，研究结论可为后续实际开关柜内部短路燃弧压力分布的计算奠定基础。

# 3.1　封闭容器内部短路燃弧试验平台及方法

## 3.1.1　试验回路及封闭容器

封闭容器内部短路燃弧爆炸模拟试验平台包括试验回路和封闭容器两个部分。其中试验回路具体布置如图 3.1 所示，主要包括：电流源，通过 LC 振荡提供工频短路电流；CB（合闸断路器），初始状态为分闸；高压探头，用于测量燃弧过程的弧压大小；Rog（罗氏线圈），用于测量回路的短路电流大小；封闭容器两端通过高压电缆接入回路。

电流源由四组容量为 16.8 mF 的电容器组构成，每组电容器配一台 0.603 mH 的电抗器，电容器组可根据需要实现串并联，通过 LC 振荡产生工频衰减大电流，每组电容器组的额定电压为 5 kV。本次试验中，为了提高电容器组的充电电压，尽量延长燃弧时间，电容器组采用四组串联连接的方式，即 $C = 16.8/4$ mF，$L = 0.603 \times 4$ mH。电容器组充电电压最高可达 20 kV，电流最大可达 20 kA，电弧电流幅值可根据 $U_C$ 的大小进行调整。

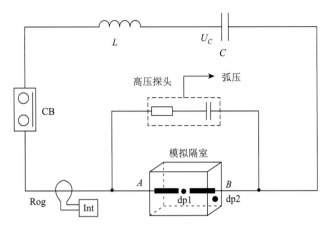

图 3.1  试验回路布置

dp1 和 dp2 为两个压力监测点

封闭容器外壳利用铁材料加工而成,厚度为 3 mm,其截面直径约为 0.7 m,长度约为 0.8 m,容器顶部中间位置装有尺寸为 15 cm×10.5 cm 的泄压盖,通过螺栓与容器相连,具体尺寸如图 3.2 所示。由于实际开关柜发生内部短路燃弧部位(如相间短路)的材料主要为铜,试验电极采用平头圆柱形铜电极进行模拟,直径约为 2 cm,水平对称位于容器的中间位置;铜电极两端通过支柱绝缘子与电流源回路的电缆相连,间隙距离 d 可根据需要进行调整;棒电极与容器外壳之间利用环氧树脂套管进行绝缘,并用密封胶进行密封,防止试验过程中气体泄漏对试验结果造成影响。容器中的气体为空气,内部初始压强为环境压强。在容器内表面布置两个压力监测点,用于测量容器内部发生短路燃弧时的压力变化,具体位置如图 3.3 中 dp1 和 dp2 所示。

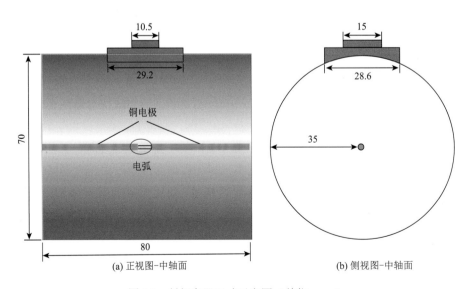

(a) 正视图-中轴面　　　　　　　　　　　　　　(b) 侧视图-中轴面

图 3.2  封闭容器尺寸示意图(单位:cm)

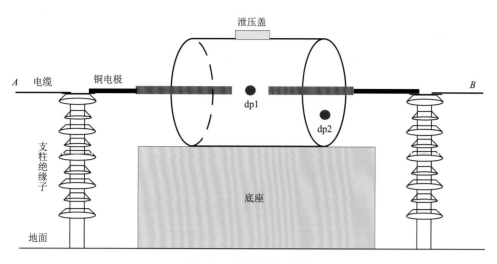

图 3.3　封闭容器布置图

## 3.1.2　测量设备

本次试验中，主要对封闭容器内部的压力升、回路电流以及短路燃弧过程的弧压进行测量，因此需要压力传感器、电流与电压探头，以及信号采集系统等设备，具体说明如下。

### 1. 压力传感器

试验采用的压力传感器型号为 PX409-100G-5V，如图 3.4 所示，表 3.1 为压力传感器的详细参数。其响应时间小于 1.0 ms，满足本项目短路燃弧压力升的测量要求；最大工作温度达到 121 ℃；可测量的最大压强为 100 PSI，即 689.47 kPa；传感器的输出电压信号范围为 0～5 V，通过 NI 数据采集卡以及 LabVIEW 软件系统对输出电压信号进行连续采集，压力传感器的变比为 137.89 kPa/1 V。

图 3.4　压力传感器

表 3.1　PX409-100G-5V 压力传感器详细参数

| 参数 | 数值 |
| --- | --- |
| 输出电压信号 | 0～5 V（电压信号） |
| 量程 | 100PSI（689.47 kPa） |
| 分辨率 | ±0.08% BSL |
| 响应时间 | <1.0 ms |
| 工作温度 | −45～121 ℃ |
| 最大瞬时可承受温度 | 200 ℃左右 |

## 2. 电流与电压探头

回路电弧电流和电弧电压分别采用罗氏线圈和泰克 P6015A 高压探头进行测量，两者的实物图如图 3.5 所示。罗氏线圈具有测量范围大、精度高、稳定可靠、响应频带宽（1 MHz）等特点，可满足本试验的测量要求，其变比为 5 kA/1 V。泰克 P6015A 高压探头测量精度高，其变比为 1000∶1。

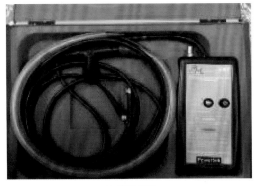 

(a) 罗氏线圈　　　　　　　　　　　　　　(b) 泰克P6015A高压探头

图 3.5　电流与电压探头

## 3. 信号采集系统

信号采集系统由 NI-USB6210 数据采集卡和 LabVIEW（Laboratory Virtual Instrument Engineering Workbench）软件系统共同组成，其中 LabVIEW 集成了满足 GPIB、VXI、RS-232 和 RS-485 协议的硬件及数据采集卡通信的全部功能。图 3.6 是 LabVIEW 监测系统的运行界面，试验过程中，可对短路电流、弧压以及压强信号进行同步、连续采集，采样频率设为 5000 Hz。同时，为了减小电磁辐射对测量信号的干扰，所有信号均通过同轴屏蔽电缆与信号采集系统相连。

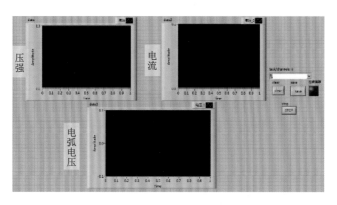

图 3.6　LabVIEW 监测系统界面

## 3.1.3　试验方法与步骤

封闭容器内部短路燃弧爆炸试验的具体步骤如下。

（1）按照图 3.1 所示布置试验回路，试验过程中为了防止短路电动力引起容器晃动，电流源回路均采用 10 kV 的高压电缆连接；调节铜电极之间的距离至试验距离 $d$。

（2）利用直径 0.5 mm 的焊锡丝（Sn63/Pb37）将间隙短接引燃电弧，焊锡丝的物理参数如表 3.2 所示，并使焊锡丝尽量位于电极的中间位置；对容器进行密封处理，以保证压强测量的准确性。

表 3.2　焊锡丝的物理参数

| 熔点/℃ | 密度/(g/cm³) | 比热容/(kJ·kg$^{-1}$·K$^{-1}$) | 电阻率/(Ω·m) |
| --- | --- | --- | --- |
| 183 | 8.4 | 0.19 | 14.5×10$^{-8}$ |

（3）将罗氏线圈、高压探头接入图 3.1 所示回路，同时将压力传感器通过螺纹配合安装于容器表面（图 3.3 中 dp1 和 dp2 所示位置，至电弧中心的距离分别约为 35 cm 和 40 cm），并通过采集卡与 PC 相连，监测短路爆炸过程中电流、弧压以及容器内部压强的变化情况；试验过程中，压力传感器表面均用铝箔包裹，以减小电磁辐射对压力测量的干扰。

（4）根据所需的短路电流大小，确定电容器组的充电电压 $U_C$，开启信号采集系统，充电完成后，通过闭合 CB 投入短路电流。

（5）试验结束后，对电极表面进行打磨处理（减小铜电极表面不平滑对试验结果的影响），并重新调整电极间距，使其满足试验所需的间隙距离。

## 3.2 封闭容器内部短路燃弧特性分析

### 3.2.1 电弧的燃烧特性

试验中采用焊锡丝引燃电弧，当焊锡丝受热熔断后，在铜电极之间出现电弧。由于焊锡丝的熔点较低，仅为 183 ℃，将其熔断所需的能量较小，如熔断 10 cm 长该型号的焊锡丝，仅需 15 J 左右的能量。因此，使用焊锡丝对电弧燃烧特性的影响较小，可忽略不计。当 $d = 10$ cm 时，不同 $U_C$ 下，获得的电弧电流及电弧电压波形如图 3.7 所示。

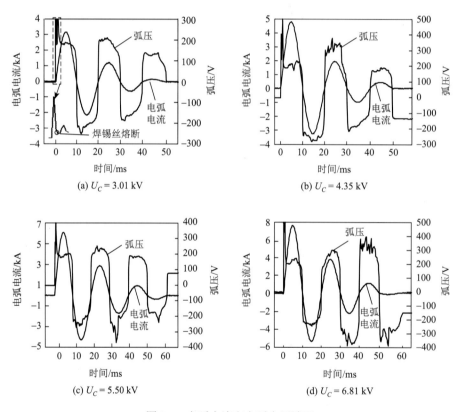

图 3.7　电弧电流和电弧电压波形

随着 $U_C$ 的升高，电弧电流与燃弧时间均逐渐增大。由于电容器组的能量逐渐衰减，电弧电流第一个半波的幅值最大，随后不断减小，频率约为 50 Hz。燃弧过程中，弧压的波动较大，特别是在起弧时刻，电容器组的过电压引起间隙电压出现明显波动，幅值大幅升高。在非过零的稳定燃弧阶段，弧压基本维持稳定，但各燃弧周期对应的数值差异较大。对起弧时刻的波形局部放大 ［图 3.7（a）］ 发现，电压经历了先减小后增大的过程，这主要与焊锡丝的熔断过程有关。10 cm 长焊锡丝的电阻约为 73 mΩ，回路通流后，焊锡丝受热逐渐熔化，间隙电导率增大，使电压由初始的较大值（瞬态过电压引起）逐渐降低。经过 0.2 ms 左右，焊锡丝被熔断，间隙出现电弧，由于燃弧初期电弧的温度较低，弧阻较大（大于焊锡丝的电阻），弧压有所增加。随着燃弧的进行并逐渐趋于稳定，电弧温度也逐渐升高并维持在较大值，使电弧电阻逐渐降低，所以，弧压逐渐减小，并在各燃弧周期基本维持稳定。

通过进一步分析可以发现，当 $U_C$ 较小时，弧压曲线较为平滑，波动较小，如图 3.7（a）所示。随着 $U_C$ 的升高，弧压曲线的波动明显增大，脉冲尖峰增多。特别是在燃弧后期，弧压的数值振荡较为剧烈，这与开放环境的燃弧爆炸有较大差异。分析认为，随着 $U_C$ 的升高，电弧释放的能量增加，使容器内部的压强增大。内部压强的增大不仅会对电弧等离子体的电导率、密度等参数产生影响[31]，还会对电弧的运动特性产生较大影响，而电弧的运动特性，如弧长的变化会直接影响弧压的大小。因此，随着容器内部压强的增大，弧压波动加剧，这从燃弧后期弧压的波动大于燃弧前期也可以看出［图 3.7（d）］。

## 3.2.2　弧压随电流的变化规律

由于弧压的波动较大，为便于分析，由式（3.1）、式（3.2）定义每个燃弧半波弧压的有效值 $U_{\text{arc}}$：

$$Q_{\text{arc}} = \int_{t_1}^{t_2} u(t) \cdot i(t) \mathrm{d}t = \sum_{k=1}^{n} u(k) \cdot i(k) \bigg/ f \tag{3.1}$$

$$U_{\text{arc}} = Q_{\text{arc}} \cdot f \bigg/ \sum_{k=1}^{n} i(k) \tag{3.2}$$

式中：$Q_{\text{arc}}$ 为电弧能量，kJ；$t_1$ 和 $t_2$ 为电弧电流相邻的过零时刻，s；$u(k)$ 为第 $k$ 个采集点的弧压，V；$i(k)$ 为第 $k$ 个采集点的电弧电流，kA；$n$ 为某个燃弧半波的采集点数；$f$ 为采样频率，Hz。

为了减小容器内部压强的差异对弧压数值的影响，取试验中第 1 个燃弧半波（前 10 ms）的弧压有效值进行分析，该时间段内，压强的幅值较小，对弧压的影响也较小，弧压有效值与电弧电流峰值、间隙距离的关系如图 3.8 所示。

由图 3.8 可知，弧压有效值随电弧电流的变化规律较为复杂，并无明确关系，说明间隙距离较大时，弧压数值的随机性较大。从整体变化趋势可以看出，弧压随电弧电流的增大逐渐增大，但增大幅度均较小。当间隙距离分别为 5 cm、10 cm 和 15 cm 时，弧压的变化范围分别为 116～143 V、188～238 V 和 223～304 V，其对应的标准差分别为 11.06、17.16 和 25.32。可见，随着间隙距离的增加，弧压的波动程度逐渐增大，这主要与间隙距离增加后，弧长受环境干扰出现的随机波动程度加剧有关。同时，根据图中数据可知，间隙距离对弧压的影响较大，且影响程度大于电弧电流，随着间隙距离的增加，弧压数值明显增大。

图 3.9 为电弧电位梯度（$U_{arc}/d$）随电弧电流峰值的变化规律，可以看出：间隙距离越大，电弧电位梯度越小，即间隙的弧压随间隙距离的增大并非线性增加，而存在减缓的趋势。间隙距离分别为 5 cm、10 cm 和 15 cm 时，对应电弧电位梯度的平均值分别为 26 V/cm、20 V/cm 和 16 V/cm，该值远大于文献[65]中给出的开放环境中的数值 13 V/cm。因此，封闭容器（实际开关柜）内部发生电弧故障时，弧压的取值需根据实际情况进行确定，如取开放环境中的数值，可能会偏小。

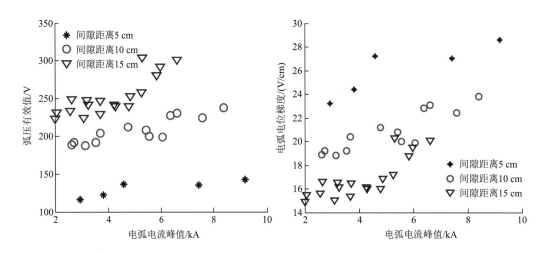

图 3.8　弧压有效值与电弧电流峰值的关系　　图 3.9　电弧电位梯度与电弧电流峰值的关系

由上述分析可知，弧压随电弧电流的变化规律较为复杂，这主要与弧压的影响因素较多有关。弧压与电弧电流和弧阻的乘积成正比，而弧阻与电弧的密度、直径、长度等参数密切相关。当电弧电流增大时，弧压的变化取决于弧阻的变化程度。因此，出现了电弧电流增大时弧压增大或减小的情况（图 3.8）。特别是对于图 3.7 所示单次燃弧试验，随着电流幅值的减小，每个燃弧半波对应的弧压并无明显变化规律，说明弧阻对弧压的影响较大。为了分析弧阻的变化规律，定义弧阻的计算公式如式（3.3）所示：

$$R_{arc} = U_{arc}/i_{rms} \tag{3.3}$$

式中：$i_{rms}$ 为电弧电流有效值，kA。

弧阻随电弧电流有效值、间隙距离的变化关系如图 3.10 所示。与弧压的随机性较大不同，弧阻随电弧电流有效值的增大逐渐减小，两者呈现较强的负相关。

图 3.10 中的曲线为利用最小二乘法获得的拟合曲线，其与原始数据吻合较好，弧阻与电弧电流有效值呈幂函数关系。电弧电流有效值幅值较小时，随电弧电流有效值的增大弧阻下降较快。随着电弧电流有效值幅值的增大，弧阻的变化减小，逐渐趋于平缓，说明电弧等离子体的物理参数逐渐趋于稳定。电弧的物理参数如密度、比热容等均与压强、温度相关[132]，在压强影响较小的情况下，主要与电弧温度有关。当电弧电流有效

值幅值较大时，电弧的辐射传热增强，弧心温度一般稳定在 30000 K 左右[133]，电弧的物理参数变化较小。因此，当电流幅值较大且弧长改变较小时，弧阻随电弧电流有效值的增大变化较小。

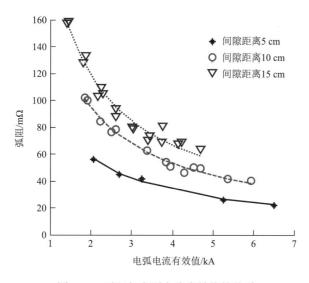

图 3.10　弧阻与电弧电流有效值的关系

弧阻随间隙距离的变化规律与弧压类似，即随着间隙距离的增大，弧阻增大。当间隙距离较小（5 cm）时，弧阻随电弧电流有效值的变化较为缓慢，且整体数值较为接近；而当间隙距离较大（10 cm 和 15 cm）时，弧阻随电弧电流有效值的变化较为剧烈。这主要与间隙距离较小时，电弧等离子体的物理参数以及弧长更容易趋于稳定有关。假设电弧长度等于间隙距离，不同间隙距离下，单位弧长的弧阻约为 6 mΩ/cm。而开放环境下，当电弧电流为 10 kA 时，单位弧长的弧阻约为 1.5 mΩ/cm[134]。

### 3.2.3　弧压的影响因素分析

Lowke[31]对空气中的电弧特性进行了理论上的预测，提出了开放性环境下弧压的计算模型，其考虑了电磁力和自然对流的影响，忽略了电弧等离子体内部的湍流和流体黏性等因素，同时忽略了电极金属蒸气对弧压的影响，推导得到式（3.4）所示的大电流弧压表达式：

$$U_{\text{arc}} = 0.52\left(\frac{hl}{\sigma}\right)^{0.5}\left(\mu j_0 \rho\right)^{0.25} i^{0.25} \tag{3.4}$$

式中：$h$ 为电弧的焓，J/g；$l$ 为电弧轴向长度（弧长），cm；$\sigma$ 为电弧等离子体电导率，

S/m；$\mu$ 为磁导率，为 $1.26\times10^{-8}$ H/cm；$j_0$ 为阴极斑点电流密度，A/cm$^2$；$\rho$ 为电弧密度，g/cm$^3$；$i$ 为电弧电流，A。

由式（3.4）可知，弧压与电弧等离子体的物理参数、电弧电流、弧长等因素密切相关。而在封闭容器中，这些参数均受内部压强的影响。Lowke[31]指出，压强对弧压的影响主要体现在电弧密度 $\rho$ 上，若不考虑阴极斑点电流密度随压强的变化关系，参考式（3.4），当压强 $p\propto\rho$，则 $U_{\text{arc}}\propto p^{0.25}$。Zhang 等[55]通过试验测量了封闭容器内不同初始压强下的弧压，表明弧压与初始压强（空气密度）成正比。电弧密度随温度和压强的变化关系如图 3.11 所示。由图可知，电弧密度与温度和压强均有关。但对于大电流电弧而言，电弧温度一般稳定在 30000 K 左右，此时电弧温度的升高对电弧密度的影响较小，而对压强的影响较大。因此，对于本节开关柜内部短路燃弧（短路电流较大）而言，电弧密度受压强的影响较大。

同时，由式（3.4）可以看出，当电弧温度较高时，压强对电弧电导率 $\sigma$ 也存在影响，如图 3.12 所示，且电弧电导率随压强并非呈线性变化。当温度低于 12000 K 时，电弧电导率均很小，压强对电弧电导率的影响较小，与 Lowke 的观点相近。但当等离子体温度达到约 20000 K 时，压强对电弧电导率的影响有所增大。此时有 $U_{\text{arc}}\propto\rho^{0.25}/\sigma^{0.5}$，但压强对电弧密度的影响大于电弧电导率。以温度为 20000 K 时为例，当不考虑弧长变化，压强从 0.1 MPa 增大到 1.0 MPa 时，电弧密度 $\rho$ 约由 0.006 kg·m$^{-3}$ 增大到 0.1 kg·m$^{-3}$，约增大到原来的 17 倍。而电弧电导率由 $1\times10^4$ A/(V·m) 增大到 $1.5\times10^4$ A/(V·m)，仅增大到原来的 1.5 倍左右，弧压约增大到原来的 1.7 倍。

综上所述，当电弧温度低于 12000 K 时，不同压强下电弧电导率近似相等，弧压 $U_{\text{arc}}\propto p^{0.25}$。当电弧温度较高，达到约 20000 K 时，压强对电弧电导率的影响有所增加，弧压 $U_{\text{arc}}\propto\rho^{0.25}/\sigma^{0.5}$，但压强对电弧密度的影响远大于对电弧电导率的影响；同时短路爆炸产生的高速气流还会使电弧拉长，从而进一步增大弧压。因此，压强越大，弧压也越大[135-136]。

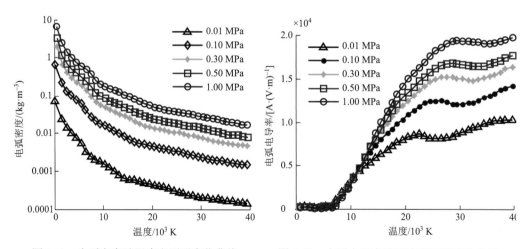

图 3.11　电弧密度随温度和压强变化曲线　　图 3.12　电弧电导率随温度和压强变化曲线

# 3.3　封闭容器内部压强变化规律分析

## 3.3.1　压强随燃弧时间的变化

试验过程中，对 dp1 与 dp2 位置的压强（压力升）进行测量后发现：两者的变化规律基本一致，幅值较为接近。这主要是因为容器尺寸较小，而压力波的传播速度较快，远大于标准音速 340 m/s，这使得在较短时间（1 ms 左右）内，容器内部的压强便分布均匀，各位置的压强差异较小。因此，为简化分析，后续仅选取 dp2 位置的压强数据进行分析。

当 $d = 10$ cm，$U_C = 4.35$ kV 时，试验获得容器内部的相对压强（压力升）随时间的变化规律如图 3.13 所示，其他条件下获得的压强波形类似，仅幅值有差异。燃弧开始之前，采集到的压强波形基本在 $-2.2 \sim -1.7$ kPa 之间呈现有规律的上下振荡，振荡幅度约为 0.5 kPa。这一方面与试验过程环境条件的复杂变化有关，另一方面与压力传感器本身的零点漂移现象有关。本次试验采用的压力传感器零点平衡范围约为满量程的 $\pm 0.5\%$，即 $\pm 3.4$ kPa。可见，起弧之前采集到的压强数值在允许误差范围之内。因此，试验过程中取压强波形的平均值作为压力传感器的零点漂移值，而短路燃弧过程中容器内部的压力升只需用峰值减去零点漂移值即可。

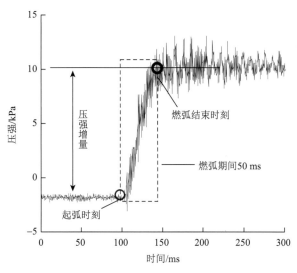

图 3.13　封闭容器内部压强的变化曲线

由图 3.13 可知，容器内部压强随燃弧时间的增加近似线性增大，但出现了较大幅度的波动。同时进一步观察压强波形可以发现，燃弧结束后，容器内部的压强并未立即下降，而是出现了小幅度的上升（增大了约 1 kPa），并稳定在较大值一段时间后才逐渐下降。说明燃弧结束后，容器内部仍有能量输入使压强进一步增大。分析认为，这主要

是弧根的温度较高，与其接触的铜电极熔化形成了大量金属蒸气所致。电弧熄灭后，由于弧后电流和残余等离子体的影响，弧隙的温度仍较高，超过铜电极的熔化温度，铜电极进一步熔化蒸发，造成大量铜蒸气进入容器，部分铜蒸气还会与空气发生化学反应释放出大量热量，从而引起容器内部的压强进一步升高[137]。随着残余等离子体、金属蒸气的消散以及与外界的热交换，容器内部的压强逐渐下降，经过数十秒后降至环境压强，具体下降时间与容器壁和环境的热传递速率有关。

### 3.3.2　压强波形的频谱特性分析

由图 3.13 可知，压强曲线的波动幅度较大，并非平滑的曲线，且无固定的振荡频率，这主要与两个方面的原因有关：一方面与本次试验中压强的采样频率较高且压力传感器的灵敏度较高有关。由于电弧燃烧具有极大的不稳定性和随机性，容器内部发生短路燃弧爆炸时能量的传递过程极为复杂。电弧释放的能量经多种机制进行传递，会对空气的吸热膨胀过程造成较大扰动，同时压力波的反射、叠加等效应也会对压强的数值造成波动，从而导致各位置的压强变化较为剧烈。另一方面还可能与测量过程的电磁辐射干扰有关，电弧等离子体燃烧过程呈高频振荡特性，会向周围空间辐射电磁干扰，从而使波形中的高频脉冲成分增多。

为进一步分析压强曲线波动较大的原因，对图 3.13 所示压强波形的干扰特性进行研究。利用快速傅里叶变换（FFT）对波形不同阶段的频谱特性进行分析，主要分为三个阶段，即燃弧前期、燃弧期间、燃弧后期。其中燃弧前期与燃弧后期均取 200 ms 时间段对应的波形数据，具体结果如图 3.14 所示。其他充电电压下，获得压强波形的频率分布特性与图 3.14 基本一致，仅振幅有差异，频域中波形的振幅与时域中压强的幅值成正比。

由图 3.14 可知，燃弧前期，压强波形以直流分量为主，其他高次谐波的幅值均较低，说明该阶段的干扰较小。燃弧期间，频率分布较广，但仍以直流和低频分量为主，频带 0～300 Hz 幅值较大；同时通过进一步观察波形可以发现，燃弧期间的高频分量（脉冲尖峰）较多，在频带 1800 Hz 附近有较大分布。燃弧后期，压强波形的频带仍以直流分量为主，高频分量较少，几乎可以忽略不计。

由上述分析可知，燃弧前期结束后压强波形的频谱分布基本一致，高频分量较少，主要以直流分量为主，说明这两个阶段电磁辐射干扰对压强测量的影响较小。燃弧期间，高频分量仍较少，虽然在频带 1800 Hz 附近有较大分布，但远小于电弧兆赫级的辐射频率[138-139]；同时压力传感器本身具备一定的抗辐射干扰能力，使燃弧期间压强波形受辐射干扰的影响仍较小。因此，其较宽的频谱分布、剧烈的波动主要源于燃弧期间能量的复杂传递过程。燃弧后期压强波形也出现了较大波动，进一步说明了压强曲线波动较大、脉冲尖峰较多并非由测量过程的辐射干扰引起。

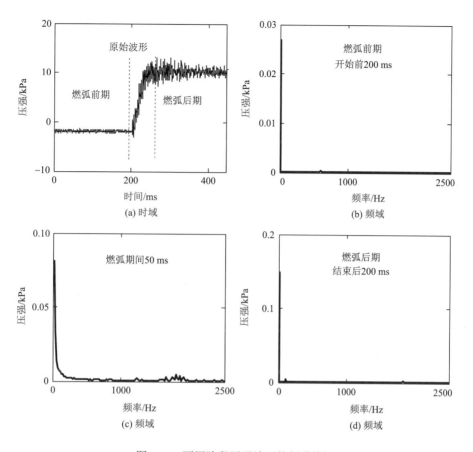

图 3.14　不同阶段压强波形的频谱特性

由于压强波形的剧烈波动给后续压强数值的提取和分析带来较大不便，有必要对曲线进行平滑处理，即保留其中的低频信号，滤除其中的高频信号。小波变换具有较好的时-频局部分析能力，可以有效滤除采集信号中的高频分量，并保留原始信号中的局部特征信号[139]。因此，采用小波软阈值方法对波形进行平滑处理，小波基选择 db5 小波[140]。同时，燃弧期间压强波形的低频分量主要集中在 0～300 Hz，所以对波形进行尺度为 3 的小波分解，小波变换的阈值通过 Birge-Massart 算法获得。

### 3.3.3　压强随电弧功率的变化

对图 3.13 所示的波形进行平滑处理后，获得的压强波形和对应的电弧功率如图 3.15 所示，其中电弧功率通过电弧电流与弧压的乘积获得。由图可知，平滑后的压强数值基本为原压强曲线的平均值，其变化规律与原波形完全一致，表明采用小波软阈值方法进行平滑处理的效果较好。电弧功率与电弧电流的变化规律基本一致，燃弧周期约为

10 ms，波形出现了明显的畸变，脉冲尖峰较多，说明燃弧过程中弧压的波动较大。试验过程中，随着电容器组的能量逐渐衰减，电弧释放的能量逐渐减小，导致压强随燃弧时间增大的幅度逐渐减小（上升率降低）。通过进一步分析可以发现，压强波形的变化趋势与电弧功率一致，每个燃弧周期（10 ms），压强的增大速率均呈现先增大后减小的趋势，并在中间段维持稳定，这主要与电弧功率先增大后减小有关。可见，封闭容器内部发生短路燃弧爆炸时，虽然压力波的反射、叠加等作用使压强的波动异常复杂，但压强的整体变化趋势仍与电弧功率密切相关。

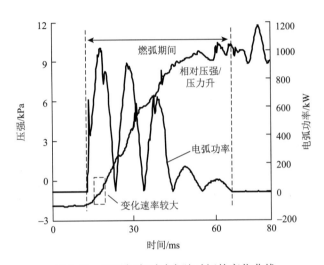

图 3.15　压强与电弧功率随时间的变化曲线

考虑到实际测量获得的压强曲线波动较大，不便于压强数值的提取，短路燃弧引起容器内部的压力升均取小波平滑后的数值。

### 3.3.4　压强随电弧能量的变化

封闭容器内部压强的大小与电弧能量密切相关，因此，有必要对压强（压力升）随电弧能量的变化规律进行分析。不同间隙距离下，容器内部的压强随电弧能量的变化关系如图 3.16 所示。

由图可知，随着电弧能量的增大，容器内部的压力升基本呈线性增大，且不同间隙距离下，获得的变化规律较为接近，说明容器内部短路燃弧爆炸产生的压力升主要与电弧能量有关，而间隙距离的影响较小。利用最小二乘法对压力升 $dp$（kPa）和电弧能量 $Q_{arc}$（kJ）的关系进行曲线拟合，发现两者符合线性函数关系，具体如式（3.5）所示：

$$dp = 0.58Q_{arc} \tag{3.5}$$

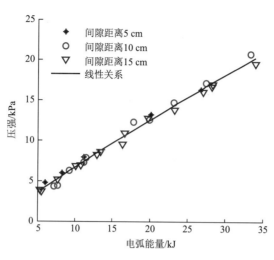

图 3.16　压强随电弧能量的变化规律

# 3.4　封闭容器内部压力升计算

## 3.4.1　计算方法验证

为验证数值仿真算法的可行性,参考实际试验模型,建立了图 3.2 所示的仿真模型。当充电电压为 6 kV、间隙距离为 10 cm 时,获得电弧功率随时间的变化曲线如图 3.17 所示,电弧释放的总能量约为 27.488 kJ。采用提出的基于电弧能量热等效的压力升计算方法对容器内部的压力升进行计算,容器壁面和电极表面均设置为绝热边界,时间步长设置为自适应时间步长,本次试验中 $k_p$ 约为 0.51,初始相对压强、温度和流速分别为 0 Pa、25 ℃ 和 0 m/s,监测点 dp2 的压强计算值与测量值如图 3.18 所示。

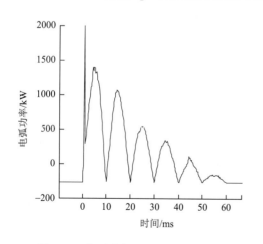

图 3.17　电弧功率随时间的变化曲线

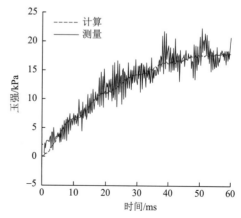

图 3.18　计算值与测量值对比

由图可知，计算获得的压强随时间的变化趋势与测量值完全一致，但实测压强曲线波动较大，基本以计算波形为中心上下振荡，这主要与试验过程中电弧的剧烈波动有关。电弧燃烧过程中，由于电弧的能量释放过程极为复杂，电弧功率的波动较大，并非规则的正弦波（图 3.17），而仿真计算中，假设电弧功率随时间呈正弦函数规律变化。因此，计算获得的压强曲线整体波动较小，波动趋势与电弧功率一致。当燃弧至 60 ms 时，通过计算与试验获得的压强平均值分别为 18.37 kPa 和 17.89 kPa，两者仅相差 2.7%左右。因此，计算结果与测量结果基本一致，证明了计算方法的有效性。

## 3.4.2  电弧尺寸的影响

实际开关柜发生内部短路燃弧爆炸时，电弧在电磁力、热浮力以及气流等因素的影响下，燃弧位置、长度均会发生较大变化。因此，在仿真计算中需对电弧尺寸进行合理选择。为了研究电弧尺寸对压强分布的影响，分别计算电弧直径为 1 cm 和 2 cm 时容器内部的压强分布。由于该模型为平面对称模型，为减少计算量，采用 1/4 模型进行求解。两种情况下的结构性网格剖分如图 3.19 所示，网格尺寸控制基本一致。

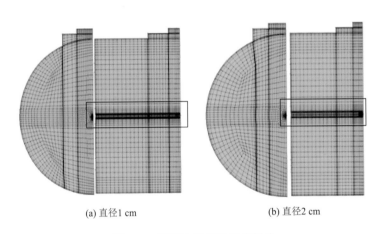

(a) 直径1 cm          (b) 直径2 cm

图 3.19   不同电弧直径网格剖分

两种电弧直径下，不同时刻截面的压强分布如图 3.20 所示。由图可知，不同电弧直径下，容器内部的压强分布基本一致，压强数值仅在燃弧初期有较大区别。燃弧初期（0.5 ms 左右），电弧直径为 2 cm 时容器内部的最大压强大于电弧直径为 1 cm 时，两者相差较大。随着燃弧时间的增加，各时刻的压强分布与数值均相差较小，压强分布仅在细节处有微小差异。燃弧至 2 ms 时，电弧直径为 1 cm 和 2 cm 对应的最大压强分别为 0.52 kPa 和 0.49 kPa，两者相差 6.1%左右。燃弧至 10 ms 时，两者仅相差 0.4%左右。可见电弧尺寸改变后，虽然对燃弧初期的压强分布存在一定的影响，但随着燃弧时间的增加，压力波的传播速度逐渐增大，电弧尺寸的影响逐渐减小，封闭容器内各点压强变化基本相同。上述结果表明：当电弧的体积占封闭容器的体积较小时，电弧尺寸对压强分布的影响较小[107]。在实际开关柜中，电弧的体积相比开关柜的体积较小。因此，电弧的体积对开关柜中压强的分布影响较小。开关柜内部短路爆炸压力升计算中，电弧尺寸可根据电弧电流、电极尺寸等参数进行近似确定。为便于剖分计算，在后续开关柜的计算中将电弧等效为规则的长方体。

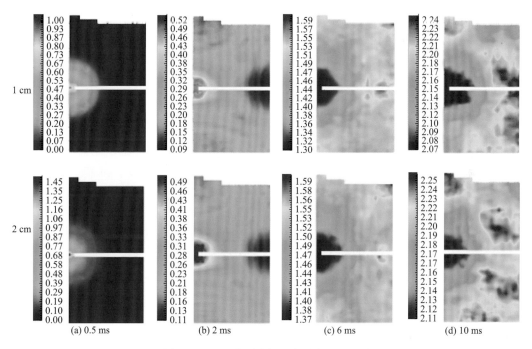

图 3.20　不同电弧直径下各时刻压强分布

## 3.5　$k_p$ 计算方法及变化规律

### 3.5.1　$k_p$ 计算方法

$k_p$ 的求解流程如图 3.21 所示，首先给定 $k_p$ 的初值 $k_0$，计算获得监测点的压力升 $dp$，监测点压强的试验测量值为 $dp_0$（对于含泄压盖的容器，均取泄压盖开启前的压力升峰值），定义压力升计算值与测量值的相对误差为 $\eta$，具体如式（3.6）所示：

$$\eta = |dp - dp_0|/dp_0 \tag{3.6}$$

当 $\eta > 10\%$，且压强计算值小于测量值（平均值）时，令 $k_0 = k_0 + dk$（$dk = 0.01$），循环迭代求解，直至满足 $\eta \leqslant 10\%$；当 $\eta > 10\%$，且压强计算值大于测量值（平均值）时，令 $k_0 = k_0 - dk$（$dk = 0.01$），循环迭代求解，直至满足 $\eta \leqslant 10\%$。为减少迭代次数，缩短计算时间，参考式（2.7）SCM 计算方法，$k_p$ 的初始值 $k_0$ 可通过式（3.7）获得：

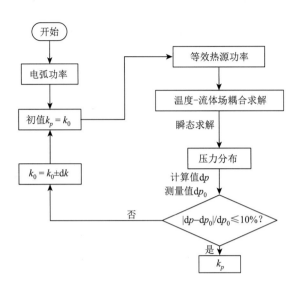

图 3.21　$k_p$ 的求解流程

$$k_0 = \mathrm{d}p_0 \cdot V \cdot M \cdot c_V / (R \cdot Q_{\mathrm{arc}}) \tag{3.7}$$

式中：$V$ 为容器的容积，约为 0.311 m³；$M$ 为空气的摩尔质量，为 28.96 g/mol；$c_V$ 为比定容热容，J/(g·K)；$R$ 为摩尔气体常数，为 8.314 J/(mol·K)；$Q_{\mathrm{arc}}$ 为压力升达到峰值时对应的电弧能量，kJ。

比定容热容 $c_V$ 随气体温度和压强的变化规律较为复杂[141]，实际开关柜内部短路燃弧试验中，压缩阶段压强的数值较大，可达兆帕级，但此时温度的影响较小。在恒定气压下，比定容热容随着温度的变化波动较大，并无明显规律，但整体随温度的升高呈增大趋势。封闭条件下，柜体内部的高温主要集中在电弧区域，其他部位的温度均较低，比定容热容的变化幅度较小[28]。通过测量小尺寸容器内部空气的温度发现：当电弧能量为 33.326 kJ 时，容器内部的平均温升仅为 50 ℃，而温度在超过 1000 K 时才对比定容热容有较大的影响[142]。因此，式中 $c_V$ 仍可取常温下的数值，即 0.717 J/(g·K)。

### 3.5.2　$k_p$ 变化规律

采用图 3.21 所示的方法计算获得不同电弧能量、不同间隙距离下 $k_p$ 的变化规律如图 3.22 所示。由图可知，$k_p$ 随电弧能量和间隙距离的变化规律较为复杂，变化范围为 0.44~0.62。当间隙距离为 5 cm 时，$k_p$ 随电弧能量的增大而减小。而当间隙距离分别为 10 cm 和 15 cm 时，$k_p$ 出现了较大波动。即间隙距离越大，$k_p$ 的波动程度越大，这与弧压的变化趋势是一致的，主要与间隙距离增大使电弧的运动加剧，导致能量的释放过程更为复杂有关。但 $k_p$ 变化的整体趋势为：随着电弧能量的增大，$k_p$ 逐渐减小，并逐渐趋于平缓。分析主要有两方面的原因：①当电弧电流与电弧能量增大时，铜电极熔化、蒸发程度加剧，文献[79]通过试验得到电弧对铜电极的侵蚀率约为 19 g/kC，即随着电弧电流和电弧能量增大，铜电极的侵蚀量增多，导致该部分消耗的能量增加；②随着电弧电流的增大，电弧的温度升高，其辐射损失也会有所增加，从而导致周围空气吸收的能量减少，$k_p$ 会有所下降[59]。

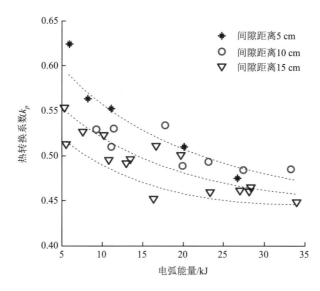

图 3.22　$k_p$ 随电弧能量的变化规律

$k_p$ 随间隙距离的变化并无明显变化规律，数值分散性较大，而当电弧能量较大时，如大于 25 kJ 时，$k_p$ 在 0.44～0.5 之间。可见，间隙距离对 $k_p$ 的影响程度要小于电弧能量对 $k_p$ 的影响程度。即随着电弧能量的增大，$k_p$ 的波动程度有所减小。分析认为，当电弧能量（电弧电流）增大时，电弧的弧心温度也随之升高，但一般稳定在 30000 K 左右，此时，铜电极熔化蒸发以及电弧热辐射消耗的能量比例也逐渐趋于稳定，使 $k_p$ 的分散性有所减小。

根据已有学者开展封闭容器（空气绝缘）内部铜电极工频短路燃弧试验获得的相关数据（电弧功率、压力升峰值等），结合提出的 $k_p$ 计算方法，可以得到不同试验条件下对应 $k_p$ 的取值，具体如表 3.3 所示。表中 $Q_{tot}$ 为燃弧过程电弧释放的总能量，$Q_{open}$ 为泄压盖开启时（即压力升达到峰值）电弧释放的总能量。由表中数据可知，不同试验条件下，计算获得 $k_p$ 的取值主要集中在 0.4～0.5 之间，与本章的结果类似。

由式（3.5）可知，压强随电弧能量呈线性变化。因此，压强 $\mathrm{d}p$（kPa）与单位体积的电弧能量（$q_V = Q_{arc}/V$）也成正比，两者的关系可用式（3.8）表示：

$$\mathrm{d}p = 0.18q_V \, [\mathrm{kJ/m^3}] \tag{3.8}$$

对于本章获得的试验数据，当 $q_V$ 值越大时，采用式（3.8）计算获得的压力升误差越小。

表 3.3　部分文献试验数据统计

| 体积 $V/m^3$ | 电极间距 $d/mm$ | 电流 $i_{rms}/kA$ | $Q_{tot}/kJ$ | $Q_{open}/kJ$ | 压力升/kPa | 预测值/kPa | $k_p$ |
|---|---|---|---|---|---|---|---|
| 0.1 | — | 3.8（单相） | 178 | — | 220 | | 0.496[72] |
| 0.32 | 50 | >10（单相） | — | — | — | | 0.38~0.48[51] |
| 0.32 | 50 | 4~12.5（单相） | 70~270 | 70~270 | — | | 0.53[58] |
| 0.343 | 100 | 15.3（单相） | 4530 | 284 | 160 | 150 | 0.46[28] |
| 0.343 | 100 | 15.5（单相） | 4500 | 327 | 168 | 172 | 0.44[70] |
| 0.27 | — | 38.8（三相） | — | | 350 | | 0.5[49] |
| 0.32 | 50 | 8（单相） | 157 | 157 | 98 | 89 | 0.49[77] |
| 0.32 | 50 | 12.5（单相） | 267 | 267 | 164 | 151 | 0.49[77] |

　　为了验证式（3.8）的有效性，采用式（3.8）对表 3.3 的部分压力升数据进行预测，结果如表 3.3 所示。由表中数据可知，计算值与预测值较为接近，最大相对误差约为 9%，说明式（3.8）具有一定的普适性。而文献中采用的容器形状（正方形、交叉圆柱形）与本书的差异较大，且电弧能量均达数百千焦（与实际开关柜泄压盖开启时电弧释放的能量接近），远大于 33 kJ，可见，对于简易封闭小尺寸容器，其内部短路燃弧爆炸产生的压力升主要与单位体积的电弧能量有关，而与电弧能量和容器形状的关系相对较小。

　　同时，通过本章对 $k_p$ 的计算发现，采用式（3.7）获得的 $k_p$ 初值均可以满足误差 $\eta$ 的要求，这主要是由于该容器尺寸较小，结构较为规则，压强在容器内部分布均匀仅需数毫秒，即可认为容器内部的压强分布均匀，各处差异较小。因此，可采用 SCM 对 $k_p$ 进行计算。考虑到实际 $k_p$ 随电弧能量的变化分散性较大，不便于后续的使用，为获得大电弧能量下 $k_p$ 的数值，从而为实际开关柜内部压力升的仿真计算提供参考依据，采用式（3.8）对大电弧能量下的 $k_p$ 进行估算。结合式（3.7）和式（3.8），可得到式（3.9）：

$$k_p = M \cdot c_V \cdot 0.18/R \tag{3.9}$$

　　根据式（3.9）计算得到 $k_p$ 约为 0.45，该值与图 3.22 中曲线趋于稳定时的值基本一致。由于式（3.8）在电弧能量较大（327 kJ）时具有较好的预测效果，该 $k_p$ 值对大电弧能量具有较好的普适性。不同间隙距离下，容器内部压力升随电弧能量的变化规律基本一致表明：间隙距离对 $k_p$ 的影响也较小。即当电弧能量较大时，间隙距离、电弧能量和容器形状对 $k_p$ 的影响较小，电弧释放的能量约有 45% 用于使容器内部的压力上升。开关柜内部发生三相短路燃弧故障时，泄压盖开启时刻电弧释放的能量为 200~500 kJ，与表 3.3 所示文献中的电弧能量接近，因此，可采用式（3.8）对开关柜的 $k_p$ 进行近似计算（忽略开关柜复杂结构的影响）。

　　综上所述，为简化分析，在后续开关柜内部短路燃弧爆炸压力升仿真计算中，$k_p$ 取值为 0.45。

# 3.6 本 章 小 结

本章利用 LC 振荡回路开展了封闭容器内部短路燃弧试验,通过测量电弧电流、弧压以及压强(压力升)等数据,分析了封闭容器内部电弧的燃烧特性以及压强的变化规律;提出了 $k_p$ 的获取方法,通过对比压强计算值与测量值,对提出计算方法的可行性和有效性进行了验证,并分析了电弧尺寸的影响,得出如下结论:

(1)封闭容器内部发生短路燃弧爆炸时,弧压曲线的波动程度较大,且随着内部压强的增大,曲线波动幅度加剧,燃弧后期的波动程度大于燃弧前期。

(2)弧压有效值随电弧电流变化的随机性较大,并无明确规律,随间隙距离的增加波动程度加剧,随容器内部压强的增大而增大。间隙距离分别为 5 cm、10 cm 和 15 cm 时,电弧电位梯度的平均值分别为 26 V/cm、20 V/cm 和 16 V/cm,略高于开放环境中的数值。弧阻随电弧电流呈负指数幂函数规律变化,随间隙距离的增加而增大,不同间隙距离下,单位弧长的弧阻约为 6 mΩ/cm。

(3)容器内部的压力升随燃弧时间的增加而增大,电弧能量的剧烈变化以及压力波的反射、叠加等因素的影响,导致压强曲线的数值波动较大,但波形的整体变化规律与电弧功率一致。燃弧结束后,由于残余等离子体的影响,金属的熔化、蒸发和化学反应等过程仍会向容器中释放一部分能量,压强仍有一定幅度的上升。

(4)容器内部的压力升随电弧能量的增大近似呈线性增大,$k_p$ 随电弧能量和间隙距离的变化规律较为复杂,变化范围为 0.44~0.62。随着电弧能量的增大,$k_p$ 逐渐减小,趋于稳定,即分散性有所减小。电弧能量较大时,间隙距离、电弧能量和容器形状对 $k_p$ 的影响较小,电弧释放的能量约有 45%用于使容器内部的压力上升。

(5)计算获得的压力升与测量值仅相差 2.7%左右,验证了提出的压力升计算方法的有效性。电弧尺寸对开关柜内部短路爆炸压力升分布规律的影响较小,实际可根据需要对电弧尺寸进行近似选择。

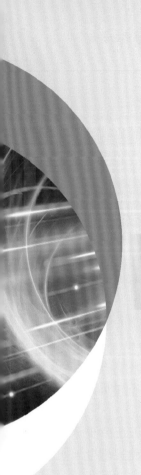

# 第 4 章

## 开关柜内部短路燃弧试验及模型简化方法

高压开关柜内部短路燃弧爆炸事故带来的安全隐患较大，已引起广泛关注。但内部短路燃弧试验属破坏性试验，开展该试验需耗费大量的人力和物力，目前的研究仍以小尺寸封闭容器内部短路燃弧试验为主，而针对实际开关柜的研究较少。电弧参数是后续开关柜压力升仿真计算的基础，虽然小尺寸封闭容器内部短路燃弧试验可以揭示相关规律，但与实际开关柜的复杂结构相比仍有较大差异，获得的电弧参数适用性有限。同时，由于计算量较大等问题，目前压力升仿真计算仍以小尺寸简易模型为主，针对实际复杂开关柜的模型简化方法缺乏相关研究。

高压开关柜类型较多，结构差异较大，本章以某 7.2 kV 空气绝缘高压开关柜为例进行分析，分析方法和相关结论可推广至其他类型的开关柜。本章首先对所研究开关柜的结构进行介绍，结合开关柜内部故障电弧型式试验，对试验方法和相关参数进行详细描述，分析开关柜不同隔室发生三相短路燃弧时弧压的变化规律，并给出燃弧功率的计算方法。然后重点研究开关柜复杂模型的简化方法，提出零部件等体积规则化、隔室等容积替代的模型简化方法，给出采用不同简化方法获得的简化模型。最后对网格划分方法以及壁面网格的处理方法进行介绍。利用提出的计算方法，分析网格数量、时间步长等对仿真结果的影响，并给出不同简化模型获得压力升结果的差异性，确定开关柜各隔室的最终简化模型。

# 4.1　开关柜内部短路燃弧试验

## 4.1.1　开关柜模型介绍

7.2 kV 空气绝缘高压开关柜（适用于 6 kV 配电系统）的整体结构如图 4.1 所示，该开关柜主要应用于防污、防潮等级较高的场合，主要包括母线室、电缆室、断路器室和仪表室。母线室包括绝缘套管、进线母排和静触头盒等。电缆室包括出线母排、电压互感器、电流互感器以及零序互感器等设备。断路器室包括手车和断路器。

开关柜内部实物布置如图 4.2 所示，由图可知，整个开关柜被隔板分隔为 5 个独立空间，分别为电缆室、仪表室、机组屏、母线室与断路器室。经调研统计发现，对于开关柜而言，电缆室、母线室和断路器室是电弧故障的高发隔室，因此，主要对这 3 个隔室进行分析。其中电缆室和断路器室柜门是工作人员接触较多的部位，需重点关注。为减小短路燃弧爆炸引起压力升对柜体的影响，各隔室均设有单独的泄压通道，通过泄压盖与外部环境连通。电缆室、断路器室和母线室顶部分别含有 2 个、1 个和 2 个泄压盖，为满足防污、防水要求，泄压盖通过螺栓与柜体相连。电缆室和断路器室柜门的面积分别约为 0.8784 m$^2$ 和 0.6148 m$^2$。

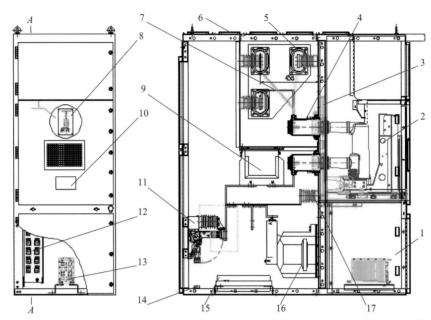

1-机组屏柜体；2-中压断路器；3-活门机构；4-一次静触头盒；5-穿墙套管；6-泄压装置；7-主母排与分支母排；8-模拟牌；9-电流互感器；10-柜体铭牌；11-接地开关及联锁机构；12-机组控制器扩展接口箱；13-机组控制器加固器；14-接地母线；15-零序互感器；16-电压互感器；17-绝缘子

图 4.1　开关柜整体结构示意图

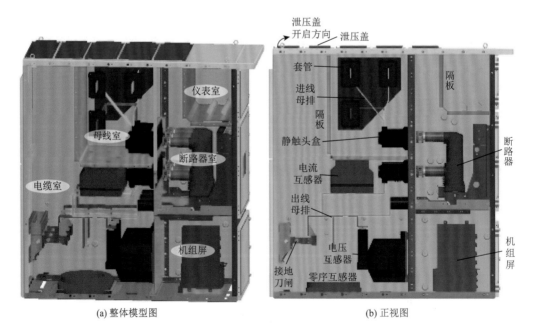

(a) 整体模型图　　　　　　　　　　　　　(b) 正视图

图 4.2　开关柜内部实物布置

## 4.1.2 试验参数及布置

本次燃弧试验的参数为 6.3 kV/40 kA/1 s，短路电流为系统中可能出现的最大短路电流。试验布置参考标准《3.6 kV～40.5 kV 交流金属封闭开关设备和控制设备》（GB/T 3906—2020）：内部故障电弧条件下金属封闭开关设备和控制设备试验的方法。三相短路电流由发电机提供，具体试验回路如图 4.3 所示，LH1、LH2 可对短路电流进行测量，FY 可对开关柜的各相电压进行测量，功率因素可通过 Rt1 和 Lt1 进行调整。

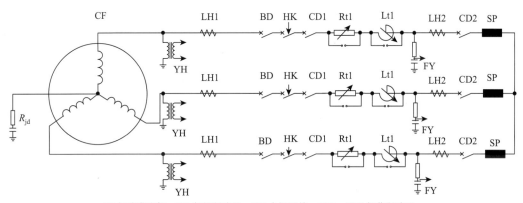

CF-短路发电机；BD-保护断路器；HK-合闸开关；CD1、CD2-操作断路器；
Rt1-功率因素调节电阻；Lt1-调节电抗器；FY-分压器；SP-试品开关柜；LH1、LH2-电流互感器

图 4.3 试验回路

试品开关柜的布置如图 4.4 所示，其左侧为进线柜，主要作用为将电流源引入试验柜，以保证开关柜与实际运行时基本一致；试验过程中，为了对高温气体进行有效引导，柜体顶部装有定向引弧通道；柜体四周垂直放置高度为 2 m 的指示器，指示器与开关柜壁面的距离约为 300 mm，用于评估短路燃弧过程的热效应。指示器采用黑色印花棉布（棉纤维约为 150 g/m²）制作而成，尺寸约为 150 mm×150 mm。指示器被固定在深度为 2×30 mm 的钢板框架中。

试验参数如表 4.1 所示，三相短路起弧部位分别位于电缆室的出线母排末端、断路器室的触头之间以及母线室的母排之间。利用直径为 0.5 mm 的铜丝短接间隙引燃电弧。设置的电压等级为 6.3 kV，获得的短路电流幅值与波形均满足试验要求。试验中，由于直流分量的影响，各相电流峰值差异较大，最大可达 100 kA，但在稳定燃弧阶段，周期分量的有效值均接近设置的 40 kA。因此，可认为各相短路电流的有效值为 40 kA，燃弧持续时间为 1 s。试验结束后，通过以下判据判断是否为 IAC 级开关柜：安全门和盖板没有打开，永久的变形小于预期到墙壁的距离，排出的气体没有直接朝向墙壁；在试验规定的时间内外壳没有开裂，喷射出的小件单个质量不超过 60 g；电弧在高度不超过

2 m 的可触及面上没有形成孔洞；热气体没有点燃指示器；外壳仍和接地点相连。经测试，该开关柜符合 IAC 试验合格标准[81]。

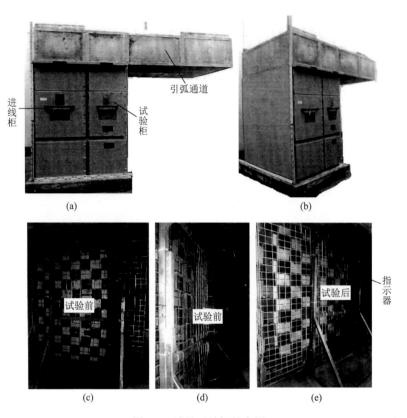

图 4.4　试品开关柜的布置

**表 4.1　试验参数**

| 起弧点位置 | 试验部位 | 电缆室 | | | 断路器室 | | | 母线室 | | |
|---|---|---|---|---|---|---|---|---|---|---|
| | 试验次数 | 1 | | | 1 | | | 1 | | |
| | 试验相别 | A | B | C | A | B | C | A | B | C |
| | 试验电压/kV | 6.3 | | | 6.3 | | | 6.3 | | |
| | 对称电流/kA | 41 | 40 | 41 | 41 | 40 | 41 | 40 | 41 | 40 |
| | 峰值电流/kA | 100 | 71 | 79 | 100 | 76 | 82 | 97 | 68 | 100 |
| | 短路持续时间/s | 1.01 | | | 1.02 | | | 1.03 | | |
| | 试验状况说明 | 柜门没有打开；在试验规定的时间内外壳没有开裂；电弧在高度不超过 2 m 的可触及面上没有形成孔洞；指示器未被点燃；外壳仍和接地点相连 | | | | | | | | |

### 4.1.3　短路功率计算

#### 1. 短路故障类型分析

　　上述对开关柜典型位置开展了三相短路燃弧爆炸试验，但在实际运行中，开关柜可能发生的短路故障类型较多，包括单相接地短路、相间短路、两相接地短路及三相短路4 种类型。在这 4 种类型中，单相接地短路故障发生的概率最高，可达 65%，两相短路约占 30%，而三相短路发生的概率最低，仅占 5%左右，但其带来的危害最为严重。同时，实际发生单相或两相短路故障时，由于电弧的不稳定性，以及电弧释放的能量加热周围空气，固体和气体介质温度升高，造成绝缘强度大幅度下降，单相或两相故障可能会发展成三相短路故障。

　　图 4.5 为短路试验过程中观测到的电弧在电极间的发展规律[43]。由图可知，初始时刻为两相短路故障，仅电极 1 与电极 2 之间发生短路［图 4.5（a）］，随后发展成三相短路故障，即电极 1 与电极 2、电极 2 与电极 3 之间均出现了电弧［图 4.5（b）］。随着燃弧的进行，电极 1 与电极 3 之间也出现了电弧［图 4.5（c）］。可见，当出现一处短路故障时，很容易发展成三相短路故障。图 4.5（d）中，电极 1 与电极 3、电极 2 与电极 3之间均出现了燃弧现象，即三相短路故障。上述对应的电弧转移过程如图 4.6 所示。整个燃弧周期内，电极间电弧出现的随机性较大，电弧在电极间交替出现，但在后续燃弧过程中，以三相短路燃弧为主。因此，对于实际开关柜而言，内部短路燃弧爆炸试验均以最严重的三相短路为主。

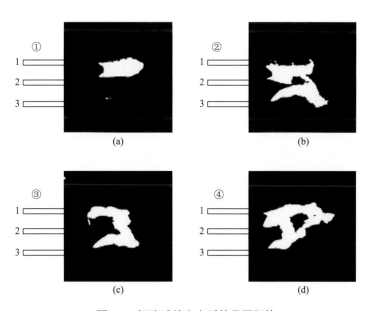

图 4.5　短路试验中电弧的发展规律

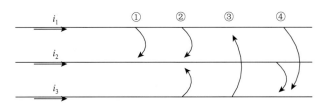

图 4.6 电弧转移过程

上述过程①～④，对应的边界条件分别为式（4.1）～式（4.4）：

$$i_3 = 0, \quad i_1 + i_2 = 0 \tag{4.1}$$

$$i_1 + i_3 = -i_2, \quad U_{12} = -U_{23} \tag{4.2}$$

$$i_2 = 0, \quad i_1 + i_3 = 0 \tag{4.3}$$

$$i_1 + i_2 = -i_3, \quad U_{13} = -2U_{23} \tag{4.4}$$

对于三相短路而言，电弧的总功率等于各处电弧功率的总和，上述过程中，②与④均为三相短路，以④为例，电弧总功率的表达式如式（4.5）所示：

$$P_{\text{arc}} = i_1 U_{13} + i_2 U_{23} = i_1 U_{12} + i_1 U_{23} + i_2 U_{23} = i_1 U_{12} + i_3 U_{32} \tag{4.5}$$

由于电弧呈阻性，上式中电流与电压相乘结果始终为正，假设电极 1 与电极 2、电极 2 与电极 3 之间的电弧电压幅值均为 $U_{\text{arc}}$，则式（4.5）可写为式（4.6）的形式：

$$P_{\text{arc}} = |i_1| \cdot U_{\text{arc}} + |i_3| \cdot U_{\text{arc}} = |i_1| \cdot U_{\text{arc}} + |i_1 + i_2| \cdot U_{\text{arc}} \tag{4.6}$$

同理，对于②，电极 1 与电极 2、电极 2 与电极 3 发生短路燃弧时，电弧总功率的表达式如式（4.7）所示：

$$P_{\text{arc}} = i_1 \cdot U_{12} + i_3 \cdot U_{32} = i_1 \cdot U_{12} + (i_1 + i_2) \cdot U_{23} \tag{4.7}$$

同样假设电极 1 与电极 2、电极 2 与电极 3 之间的电弧电压均为 $U_{\text{arc}}$，则式（4.7）可写为式（4.8）：

$$P_{\text{arc}} = |i_1| \cdot U_{\text{arc}} + |i_1 + i_2| \cdot U_{\text{arc}} \tag{4.8}$$

由式（4.6）和式（4.8）可知，②与④获得的电弧总功率完全一致。同理，当电极 1 与电极 2、电极 1 与电极 3 之间发生短路燃弧时，获得的电弧总功率表达式也可转换为相同的表达式，在此不再赘述。

由以上分析可知，在已知弧压 $U_{\text{arc}}$ 的前提下，三相短路电弧的总功率可通过式（4.8）获得。其中，$i_1$ 和 $i_2$ 为三相短路中任意两相的电流，$U_{\text{arc}}$ 为电极间弧压的绝对值，此处忽略不同电极间发生短路燃弧时弧压的差异。

### 2. 三相短路燃弧功率计算

#### 1）三相短路电流分析

为获得三相短路燃弧过程电弧的总功率，从而为后续柜体内部压力升的计算奠定基础，首先对三相短路电流波形进行分析。当开关柜内部发生三相短路燃弧时，假设 A 相的初始相角为 0°，则在三相对称短路条件下，A、B、C 相的全电流表达式如式（4.9）所示，其中，相关参数的计算如式（4.10）～式（4.13）所示，详细描述见文献[143]。

$$\begin{cases} i_a = I_{pm}\sin(\omega t - \varphi) + [I_m\sin(-\theta) - I_{pm}\sin(-\varphi)]e^{-t/T_a} \\ i_b = I_{pm}\sin(\omega t - \varphi - 120°) + \left[I_m\sin(-\theta - 120°) - I_{pm}\sin(-\varphi - 120°)\right]e^{-t/T_a} \quad (4.9) \\ i_c = I_{pm}\sin(\omega t - \varphi + 120°) + \left[I_m\sin(-\theta + 120°) - I_{pm}\sin(-\varphi + 120°)\right]e^{-t/T_a} \end{cases}$$

$$I_m = \frac{E_m}{\sqrt{(R_0 + R')^2 + \omega^2(L_0 + L')^2}} \tag{4.10}$$

$$\theta = \arctan\frac{\omega(L_0 + L')}{R_0 + R'} \tag{4.11}$$

$$I_{pm} = E_m \Big/ \sqrt{R_0^2 + (\omega L_0)^2} \tag{4.12}$$

$$\varphi = \arctan\left(\omega L_0 / R_0\right) \tag{4.13}$$

式中：$I_{pm}$ 为短路电流周期分量幅值；$I_m$ 为短路前稳定运行的电流幅值，本次试验中 $I_m$ 为 0；$E_m$ 为电源电势；$\omega$ 为角频率，为 $100\pi$；$\varphi$、$\theta$ 为电路的阻抗角；$T_a = L_0/R_0$，为非周期分量电流衰减的时间常数；$R_0$ 和 $L_0$ 分别为电源侧的电阻和电抗；$R'$ 和 $L'$ 分别为负荷侧的电阻和电抗，并假设三相完全对称。

由式（4.9）可知，三相短路电流均由周期分量和非周期分量组成，周期分量为幅值、频率不变的正弦波，非周期分量为按指数规律衰减的直流分量，其初值大小与短路发生时电源电势的相位、短路前的电流和电路的阻抗角有关。发生三相短路时，三相电流的周期分量是对称的，非周期分量则不对称，其最大值或零值情况只能在一相中出现。因此，初始时刻三相电流的幅值并不相同，但当直流分量衰减至较小值时，三相电流均接近周期分量，幅值几乎相等。

直流分量的大小及持续时间与较多因素有关，图 4.7 为开关柜电缆室内部发生三相短路燃弧时各相电流随时间的变化规律。由图可知，A 相的直流分量最大，电流峰值接近 100 kA。各相电流仅在前 30 ms 含有较大的直流分量，随着燃弧的进行，直流分量迅速衰减，A、B、C 三相电流逐渐趋于稳定，峰值大小基本一致，约为 56 kA，相位相差 120°。

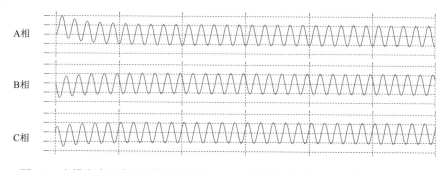

图 4.7 电缆室内部发生三相短路燃弧时各相电流随时间的变化规律（50 kA/格）

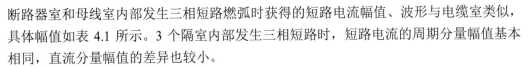

断路器室和母线室内部发生三相短路燃弧时获得的短路电流幅值、波形与电缆室类似，具体幅值如表 4.1 所示。3 个隔室内部发生三相短路时，短路电流的周期分量幅值基本相同，直流分量幅值的差异也较小。

2）三相短路弧压分析

试验过程中，对三相母排与中性点之间的电压进行测量，各相电压包含电弧电压和母排电压降，但考虑到铜排的电阻较小，其本身的电压降可忽略不计。因此，A-B 相之间和 B-C 相之间的电弧电压 $U_{ab}$、$U_{bc}$ 可通过式（4.14）获得：

$$\begin{cases} U_{ab} = |U_a - U_b| \\ U_{bc} = |U_b - U_c| \end{cases} \tag{4.14}$$

图 4.8 为电缆室 A-B 相之间和 B-C 相之间的弧压曲线，由图可知，弧压的变化规律与短路电流类似，呈周期性变化，但与电流波形较为光滑不同，弧压曲线的波动较大，出现了较多脉冲尖峰，峰值随时间出现了明显的振荡。与开放环境下的弧压曲线相比，稳定性明显降低。因此，在开关柜内部短路燃弧爆炸过程中，电弧的运动规律和弧压的变化规律较为复杂，与开放环境中的燃弧爆炸过程有较大差异。

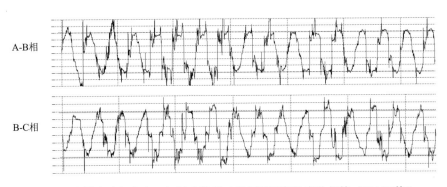

图 4.8　电缆室内部发生三相短路燃弧时弧压随时间的变化规律（500 V/格）

弧压在初始时间段波动较大，幅值也较高，这主要与燃弧初期间隙的瞬态过电压以及铜丝的熔化过程等有关。同时，在燃弧初期，电弧的温度较低，弧阻较大，也会造成弧压数值偏大。燃弧 30 ms 左右，随着直流分量的衰减及电弧的燃烧趋于稳定，弧压的稳定性有所提高，虽然数值仍有较大波动，但与燃弧初期相比波动程度减小。A-B 相和 B-C 相弧压曲线的变化规律类似，幅值差异较小。因此，为简化分析，可参考上述分析，假设式（4.14）中 $U_{ab}$ 与 $U_{bc}$ 相等，同时认为弧压在各个燃弧周期基本维持稳定，即 $U_{ab}$ 与 $U_{bc}$ 为固定值。考虑较为严苛的情况，弧压可取稳定燃弧阶段波形峰值附近的平均值。图 4.8 中，A-B 相之间和 B-C 相之间的弧压平均值约为 1558 V，则对应的弧压取值为 1558 V。

由弧压数据可知，对于该型号开关柜，发生内部短路燃弧爆炸时，各隔室弧压的大小顺序为：母线室＞断路器室＞电缆室。在电弧电流一致的条件下，其差异主要源于燃弧间距与隔室中的压强大小。试验中，设置的起弧点如表 4.1 所示，母线室、断路器室和电缆室的起弧间距分别约为 13 cm、15 cm 和 13 cm，虽然起弧间距相差较小，但电弧的运动特性差异较大。短路燃弧过程中，在柜内气流的作用下，电弧的运动加剧，对弧压的数值将产生较大影响。电缆室中，电弧主要集中在母排之间燃烧，燃弧间距几乎不会发生较大改变，同时母排还会阻碍电弧的伸长和运动，使其弧压最小。断路器室中，电弧仅在断路器动触头之间燃烧，燃弧间距仍无较大改变，其燃弧间距略大于电缆室，所以弧压也稍大于电缆室。而在母线室中，虽然初始起弧间距仅 13 cm，但电弧的运动相对容易，并无障碍物阻挡，在气流和电磁力的作用下，电弧会向母排上方移动，最大燃弧间距可达 28 cm，远大于其他两个隔室。因此，母线室的弧压最大。

根据燃弧间距和弧压数值，估算出母线室、断路器室和电缆室的电弧电位梯度平均值分别约为 185 V/cm、115 V/cm 和 119 V/cm，其远大于小尺寸容器内部短路燃弧试验获得的电弧电位梯度值，也远大于开放环境下大电流电弧的平均电位梯度值 13 V/cm[134]。分析认为：开关柜内部短路燃弧过程中，电弧燃烧释放出巨大的能量，使柜体内部的压强急剧增大，内部压强的增大对电弧的电导率、密度、弧长等参数均会产生较大影响[31]；弧压随压强的增大而增大，两者之间的关系可用式（3.4）进行描述，由该式可知，当隔室中的压力升达到千帕级时，弧压可增大数倍。同时，短路燃弧时柜体内部的气体流速较大，气流会加剧电弧的运动，使电弧长度增加，两者的综合作用可使弧压增大 10 倍左右。因此，随着柜体内部压强的增大，弧压幅值增加，波动也会加剧，导致其变化规律与开放环境中的燃弧爆炸过程有较大区别。

为简化分析，参考式（4.8），认为开关柜内部发生三相短路燃弧时，其电弧总功率可通过式（4.15）获得：

$$P_{\text{arc}} = \left( \left| i_a \right| + \left| i_a + i_b \right| \right) \cdot U_{\text{arc}} \tag{4.15}$$

电缆室中，考虑直流分量和不考虑直流分量时获得的三相电弧功率和能量随燃弧时间的变化曲线如图 4.9 所示。由图可知，考虑直流分量时电弧功率的波动较大，特别是燃弧初期，电弧功率的变化较为复杂，最大幅值达 248 MW，远高于稳定燃弧阶段的 150 MW；随着直流分量的逐渐衰减，电弧功率的峰值也逐渐减小；当燃弧至 60 ms 左右时，电弧功率逐渐趋于稳定，与不考虑直流分量时的电弧功率曲线基本重合，说明电弧电流中的直流分量已衰减至较小值，仅剩周期性分量。当不考虑直流分量时，电弧功率呈周期性振荡，振荡周期约为 10 ms，每个周期电弧功率曲线均经过两个过零点。

在这两种情况下，电弧能量基本随燃弧时间的增加呈线性增大；但考虑直流分量时，电弧能量波形在燃弧初期有较大波动，前 10 ms 的电弧能量较小，而 10 ms 后的电弧能量数值均大于不考虑直流分量时的电弧能量。燃弧至 200 ms 时，考虑直流分量和不考虑直流分量对应的电弧能量分别为 22.72 MJ 和 22.19 MJ，直流分量的存在仅使电弧能量增加 0.53 MJ。可见，直流分量的存在对电弧能量的影响较小。

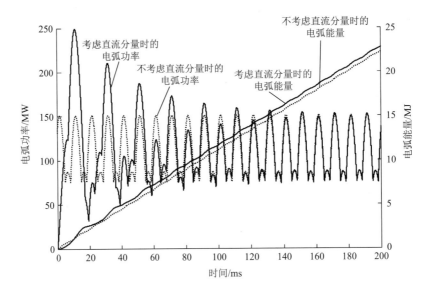

图 4.9　电缆室内部发生三相短路燃弧时电弧功率和能量随时间的变化曲线

# 4.2　开关柜模型简化

## 4.2.1　模型简化方法

### 1. 简化基本原则

开关柜内部短路燃弧压力分布与各隔室内部空气的流通情况密切相关，因此，对气体流动影响较小的部位均可作简化处理，基本简化原则如下。

（1）去掉对隔室气体流动影响不大的零部件（如柜壁和隔板上的螺栓、进线母排套管等），同时对去掉这些零件后剩余的孔隙作封闭处理。

（2）将体积较大零部件的不规则棱角及对计算影响较小的部位去掉或者替换为方形等较为简单、规则的零件，如将泄压盖简化为与泄压口尺寸一致的长方体，将断路器手车简化为规则的方形体，去除断路器动触头梅花触指等；同时，去掉柜体壁面附近体积较小的横梁及手车导轨等。

（3）由于仿真计算过程中不考虑柜壁与外界的热交换过程，忽略柜体外壳的厚度，取开关柜内壁面之间的垂直距离作为柜体的最终尺寸。

（4）由于该开关柜无散热孔等开口结构，为简化分析，忽略柜体表面细小孔隙的影响，对整个柜体进行全封闭处理，即认为气体无法从除泄压口以外的位置逸出。

参考上述简化原则，初步简化后的整体模型如图 4.10 所示。考虑到可能发生短路燃弧故障的隔室主要为电缆室、断路器室和母线室，后续重点对这 3 个隔室进行简化处理。各隔室中较复杂的结构包括接地刀闸、互感器、断路器等。

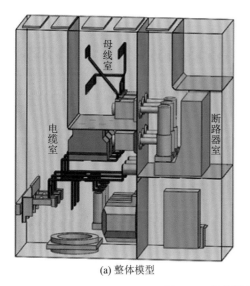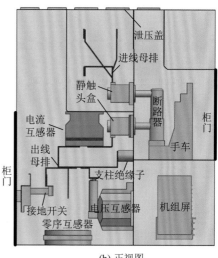

(a) 整体模型　　　　　　　　　　　(b) 正视图

图 4.10　初步简化后的整体模型

### 2. 复杂模型等体积替代方法

对开关柜进行初步简化后，断路器、互感器和接地刀闸等结构仍较复杂，如直接对其进行划分计算，将导致计算量过大；为减少网格划分量，提高计算效率，需对复杂部位的结构进一步简化，由 SCM 可知，容器内部的压强与气体的膨胀体积成反比，据此，提出了两种等体积替代方法。

1）复杂零部件等体积规则化替代方法

在不影响整体布局的前提下，对复杂结构利用等体积的规则结构进行替代，如可将电流互感器（CT）、电压互感器（PT）和零序互感器替换成规则的长方体或圆柱体，并保证其在柜体内所占的体积不变。对 CT 和 PT 作简化处理后，由于结构改变较小，对隔室整体的布局影响较小；而接地刀闸与其他部位相比结构更复杂，利用等体积的规则长方体进行替代后，引起的结构改变相对较大，可能会对压力分布结果产生影响。因此，后续将对复杂部位等体积规则化替代的可行性进行验证。

2）隔室等容积替代方法

上述提出了对复杂零部件采用等体积规则结构进行替代的模型简化思路，虽然该方法可在一定程度上减少网格划分量，但仍可能存在计算量过大的问题。本书和文献[28]通过试验初步验证了当维持容器内部单位空气体积所含的电弧能量不变时，容器内部的压力升基本不变。因此，如能直接将部分复杂部件去除，并保证模型中空气所占的体积不变，将使计算模型变得更加简单，网格数量大幅度减少。该方法的可行性将在后续进行验证。

### 4.2.2 简化模型

根据上述提出的模型简化方法，以电缆室为例，分别采用不同的简化方法，获得对应的简化模型，并分析不同简化模型获得压力升分布的差异性，从而提出开关柜各隔室的最优简化模型。

#### 1. 零部件规则化替代简化模型

电缆室 CT、PT、零序互感器以及接地刀闸等复杂部件利用规则的长方体、圆柱体模型进行替代简化后，模型如图 4.11 所示。由图可知，替换后，电缆室内部部件均由规则形状组成，且该模型为平面（$xy$ 平面）对称模型。因此，计算过程中可采用 1/2 模型进行计算。电缆室的总体积约为 1.27 m³，其中空气总体积约为 1.13 m³，剩余固体部件的总体积约为 0.14 m³，各部件所占体积如表 4.2 所示。采用等体积规则化替代方法获得的简化模型与原始模型相比，形状更加规则，且整体布局改变较小。

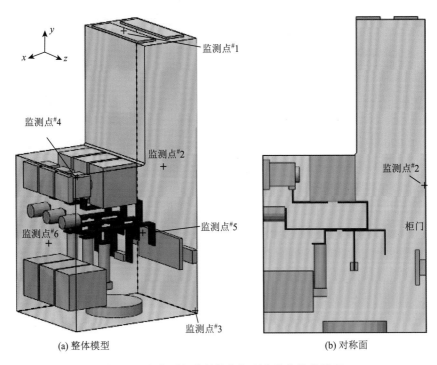

(a) 整体模型      (b) 对称面

图 4.11　复杂零部件等体积规则化替代简化模型

表 4.2　电缆室各部件所占体积

| 部件 | CT | 下静触头盒 | 支撑圆柱体 | PT | 接地刀闸 | 零序互感器 | 泄压盖 |
|---|---|---|---|---|---|---|---|
| 体积/cm³ | 15760.60 | 5503.13 | 981.50 | 18231.60 | 6394.12 | 10156.98 | 1537.53 |

**2. 隔室等容积替代简化模型**

4.2.1 小节简化基本原则中，虽然对隔室中不规则的零部件做了简化，但对于短路爆炸压力升计算而言，仍存在网格数量大、计算量较大的问题。因此，采用两种方法对 4.2.1 小节所述隔室等容积替代方法对模型进行简化：①只保留母排，去掉其他零部件，并对电缆室尺寸进行缩减，以保证隔室中空气体积不变。对于开关柜而言，柜门属于薄弱环节，是压力分布关注的重点部位。因此，在对模型的体积进行缩小的过程中，应尽量减少柜门所在平面位置的改变（图 4.11 中柜门所在平面），仅将隔室的体积减小 141056.66 cm$^3$。简化方式为：将 $zy$-$x$ + 平面向 $x$– 方向平移 130 mm，同时将 $zy$-$x$-平面向 $x$ + 方向平移 14.48 mm，1/2 简化模型如图 4.12（a）所示（图中箭头表示柜壁移动方向，后同）。②去掉电缆室中的所有零部件，保持热源加载部位不变，仅将电缆室的体积缩小，以保证空气的体积不变。简化方式为：仅将 $zy$-$x$ + 平面向 $x$– 方向平移 157.17 mm，1/2 简化模型如图 4.12（b）所示。

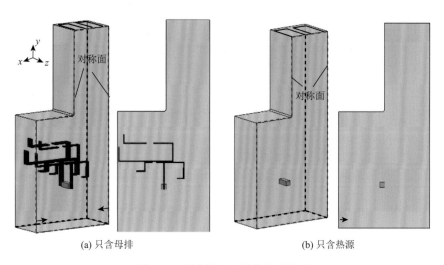

(a) 只含母排　　　　　　　　　　　　　(b) 只含热源

图 4.12　隔室等容积替代简化模型

**3. 零部件规则化和隔室等容积替代混合模型**

为尽量减少柜体结构的改变对压力分布的影响，采用零部件规则化和隔室等容积替代相结合的方法对模型进行简化。对图 4.11 所示模型中较为复杂的零部件，如触头盒、PT 进行进一步简化，用等体积的规则长方体进行替代，并保证其位于柜壁的位置不变，同时去掉体积较小的支撑圆柱体和零序互感器，将柜壁（$yz$-$x$ + 平面）向 $x$– 方向移动 14.45 mm，以保证柜体中空气的体积不变，简化后的模型如图 4.13 所示。

不同简化方式下，隔室中空气的体积如表 4.3 所示，由表中数据可知，简化后，模型中的空气体积基本一致，差异均在 1%以内。因此，在计算过程中，可忽略空气体积差异带来的影响。

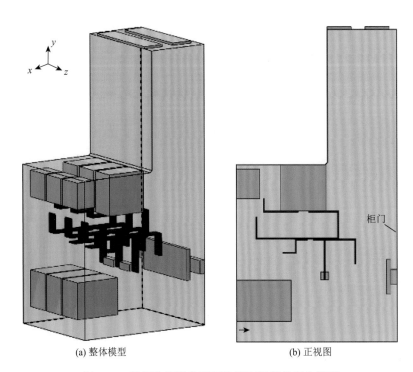

| (a) 整体模型 | (b) 正视图 |
|---|---|

图 4.13　零部件规则化和隔室等容积替代混合模型

表 4.3　不同简化方式下隔室中空气的体积

| 模型 | 原始模型 | 规则化替代 | 只含母排 | 只含热源 | 规则化-等容积替代 |
|---|---|---|---|---|---|
| 空气体积/m³ | 1.13083 | 1.13088 | 1.12468 | 1.12775 | 1.13077 |

## 4.3　不同简化模型内部短路燃弧压力升对比

### 4.3.1　网格划分方法

网格划分是数值计算的基础，目前，网格主要分为结构化网格和非结构化网格两大类，结构化网格（四边形或六面体）的形状比较规范，而非结构化网格没有任何规律性。结构化网格分布均匀、质量较高，对计算机的要求较低，计算收敛性较好，但对于复杂模型适应性差，剖分工作量较大。非结构化网格对不规则模型的适应性好，自动化程度较高，工作量较小，但网格质量难以保证，计算效率较低[144-145]。

由于开关柜的结构复杂，全部采用结构化网格剖分的难度较大，因此采用结构化与非结构化相结合的方式进行网格剖分，即规则模型采用结构化网格剖分，而复杂模型采用非结构化网格剖分。非结构化网格采用八叉树（octree）法生成，八叉树法是一种自上而下的网格剖分方法[146]。图 4.14 给出了采用八叉树法生成四面体网格的过程。该方法的基本步骤为：首先用一个较粗的立方体包围盒将待剖分的实体区域覆盖[147-150]。然后将包围盒根据设定的剖分尺寸进行不断细分（一个立方体分为 8 个子区域，将立方体划分为四面体），直至满足细分要求。判断各节点与待剖分实体之间的位置关系，保留完全落在待剖分区域内的单元，去除完全落在待剖分区域外的单元，对部分落在剖分区域内的单元（被模型边界切割的单元）进行调整、剪裁或再剖分，以便其更精确地逼近待剖分区域边界。最后采用移动节点、合并节点、交换边、删除低质量网格等技术对网格进行光滑处理，以提高网格质量。通过反复修改网格尺寸来生成满足密度和质量控制要求的单元。

 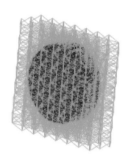 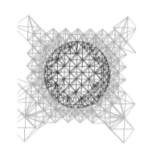 

(a) 待剖分实体　　(b) 六面体包围盒分解成四面体　　(c) 有效网格和实体外网格分离　　(d) 光滑处理后的网格

图 4.14　八叉树法生成四面体网格的过程

同时，开关柜内部短路燃弧压力升仿真计算中，柜体壁面附近流体的速度梯度变化较大，因此，为提高求解精度，需对壁面附近的网格进行特殊处理。将在壁面表面附近流体速度发生剧烈变化的薄层称为流动边界层（速度边界层），通常规定达到主流速度99%处的距离为边界层的厚度[151]。湍流边界层分为三个子层：黏性底层、缓冲层（位于黏性底层与对数律层之间）、对数律层[152]，如图 4.15 所示。黏性底层是一个紧贴固体壁面的极薄层，位于该层的流体几乎为层流流动，其中黏性力起主导作用，湍流切应力可以忽略。对数律层处于最外层，流动处于充分发展的湍流状态，黏性力的影响较小，主要以湍流切应力为主，流速近似呈对数规律分布。位于两层之间的缓冲层流动状况较为复杂，黏性力和湍流切应力对流动影响相当，但缓冲层的厚度极小，一般可归入对数律层中。

开关柜内部发生短路燃弧爆炸时，流体的雷诺数较大，属于湍流运动，所以采用适用于高雷诺数的 $k$-$\varepsilon$ 湍流模型进行求解。但 $k$-$\varepsilon$ 湍流模型只适用于高雷诺数的湍流核心区域，无法对黏性底层进行求解，所以需对边界层进行处理。对于边界层的处理，目前主要采用以下两种方法[153-154]：

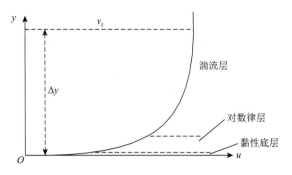

图 4.15　湍流边界层结构

（1）壁面函数（wall functions）法：采用半经验公式法，将壁面上的物理量与湍流核心区内的物理量建立关系，不需要对黏性影响较大的近壁区进行求解，可以大大减少计算量。在进行网格剖分时，不需要在黏性底层布置任何节点，只需将与壁面相邻的第一个节点布置在湍流核心区域[155]。因此，对边界层的流动不进行求解，即可得到结果的分布。

（2）低雷诺数方法：此方法需要在壁面剖分比较精细的网格，即在黏性底层和缓冲层布置大量节点，一般需要布置 10 层以上的网格，占用的计算资源量较大。

考虑到开关柜压力升计算中不需要获取近壁区的流场信息，为减少计算量，采用壁面函数法来处理壁面边界层的问题，而与壁面有一定距离的湍流核心区域采用标准 $k\text{-}\varepsilon$ 湍流模型[105]进行求解。

根据壁面函数理论，在对数律层，近壁处切向速度与壁面剪切力 $\tau_\omega$ 呈对数关系，引入无量纲参数 $u^+$ 和 $y^+$，分别表示速度和距离，如式（4.16）和式（4.17）所示：

$$u^+ = \frac{v_t}{u_\tau} = \frac{1}{\kappa}\ln y^+ + C \tag{4.16}$$

$$\begin{cases} y^+ = \dfrac{\rho \Delta y u_\tau}{\mu} \\ u_\tau = \left(\dfrac{\tau_\omega}{\rho}\right)^{1/2} \end{cases} \tag{4.17}$$

式中：$u^+$ 为近壁速度；$v_t$ 为距离壁面 $\Delta y$ 处的壁面切向速度；$u_\tau$ 为摩擦速度；$\kappa$ 为冯卡门（von Karman）常数；$C$ 为与壁面粗糙程度相关的对数层常数；$y^+$ 为第一层节点到壁面的无量纲距离；$\rho$ 为密度；$\mu$ 为黏度；$\tau_\omega$ 为壁面切应力。

对于式（4.17），当 $v_t$ 接近零时，此位置会发生异常。因此，在对数区域某些速度范围内，可以使用 $u^*$ 代替 $u_\tau$，即式（4.18）[156]：

$$u^* = C_\mu^{1/4} k^{1/2} \tag{4.18}$$

式中：$C_\mu$ 和 $k$ 分别为湍流模型的常数和湍动能。$u^*$ 可以在 $v_t$ 接近 0 时阻止其值变为 0，因为在湍流区域内，$k$ 值不可能完全为 0。根据式（4.16），可以得到式（4.19）所示的 $u_\tau$ 的表达式：

$$u_\tau = \frac{v_t}{\frac{1}{\kappa}\ln y^* + C} \tag{4.19}$$

壁面剪切力的大小可通过式（4.20）获得：

$$\tau_\omega = \rho u^* u_\tau \tag{4.20}$$

式（4.17）可改写为式（4.21）：

$$y^* = (\rho u^* \Delta y)/\mu \tag{4.21}$$

壁面函数法较大的一个缺陷是其预测依赖于距壁面最近点的位置，因此，对壁面附近的网格非常敏感。对于壁面网格较为精细的情况，可以使用可伸缩的壁面函数（scalable wall function）[155]方程来克服该缺陷，该壁面函数方法主要限制了对数方程中 $y^*$ 的值，由式（4.22）表示：

$$\bar{y}^* = \max(y^*, 11.06) \tag{4.22}$$

式中：11.06 是对数方程和线性方程的交界点。要求 $\bar{y}^*$ 不小于这个值，则所有网格界面均在黏性底层外侧。因此，当采用可伸缩的壁面函数时，网格尺度对计算的影响较小。

对于可伸缩的壁面函数而言，$y^+$ 的定义式如式（4.23）所示：

$$y^+ = \max(y^*, 11.06), \quad y^* = \frac{\rho u^* \Delta y}{\mu} = \frac{\rho u_\tau \Delta y}{\mu} \tag{4.23}$$

$y^*$ 与雷诺数 $Re$ 密切相关，雷诺数可用式（4.24）表示：

$$Re = \rho v_\infty L/\mu \tag{4.24}$$

式中：$v_\infty$ 和 $L$ 分别为特征速度和特征长度。对于平板来说，$L$ 为平板的长度。

壁面剪应力系数与当地雷诺数的关系如式（4.25）所示：

$$c_f = 0.027 Re_x^{-1/7} \tag{4.25}$$

式中：$x$ 为沿着平板至其前边缘的距离。

壁面剪应力系数可利用式（4.26）计算：

$$c_f = 2\frac{\rho u_\tau^2}{\rho v_\infty^2} = 2\left(\frac{u_\tau}{v_\infty}\right)^2 \tag{4.26}$$

由式（4.23）和式（4.26）可得式（4.27）：

$$\Delta y = y^* \sqrt{\frac{2}{c_f}} \frac{\mu}{\rho v_\infty} \qquad (4.27)$$

将式（4.25）代入式（4.27）可得式（4.28）：

$$\Delta y = Ly^* \sqrt{74} Re_x^{1/14} \frac{1}{Re} \qquad (4.28)$$

为了进一步简化，假设 $Re_x = cRe$，$c^{1/14} \approx 1$，第一层网格与壁面的距离可通过式（4.29）获得：

$$\Delta y = Ly^* \sqrt{74} Re^{-13/14} \qquad (4.29)$$

根据该式，通过给定 $x$ 位置的 $y^*$ 的值，可获得间距 $\Delta y$。

为了使壁面附近第一层节点位于对数律层，一般要求 $y^*$ 大于 $30 \sim 60$[155]；当开关柜内部发生短路燃弧爆炸时，雷诺数较高，可达 $10^6$ 以上；当 $Re = 10^6$，$y^* = 60$，$L = 1$ m 时，采用式（4.29）估算出第一层网格厚度约为 1.4 mm，该结果与使用美国国家航空航天局（NASA）黏性网格间距计算器（viscous grid spacing calculator）计算获得的结果基本一致。同时，魏梦婷[85]研究了壁面附近网格厚度和层数对封闭容器内部短路燃弧压力升分布的影响。结果表明：壁面边界网格厚度及层数对压力升计算结果的影响相对较小，在计算过程中无须对壁面边界做特殊处理，这主要是因为在计算过程中，没有考虑壁面与气体之间的热交换过程，而 $y^+$ 对传热特性的影响更大。综上所述，在计算过程中，设置壁面附近第一层网格节点到壁面的距离约为 1 mm。

采用 ANSYS ICEM CFD 软件进行网格剖分，首先对复杂模型/区域利用八叉树法生成非结构四面体网格，并在壁面生成棱柱体边界层网格。同时，对于某些区域，为进一步减少网格数量，可采用自下而上的六面体核心（hexa-core）网格生成方法对部分规则区域的网格进行修改。具体方法为：保留模型表面的三角形网格和边界的棱柱网格，删除已经存在的四面体网格，并重新在模型内部生成笛卡儿（Descartes）网格，重新生成的网格通过三角剖分算法映射至棱柱网格表面[144]。

以开关柜电缆室为例，当采用非结构网格剖分，即网格均为四面体时，电缆室简化模型的剖分结果如图 4.16（a）所示，其中，电缆室的总单元数量为 783191，空气部分单元数量为 497357。当空气部分采用六面体核心剖分方法进行修改后，剖分结果如图 4.16（b）所示。图中空气部分以规则正交的六面体网格为主，空气与壁面之间通过四面体网格过渡。采用该方法剖分获得的总单元数量为 694718，空气部分单元数量为 430623，相比非结构化网格剖分的方式，总单元数量和空气部分单元数量分别下降了 11.30% 和 13.42% 左右。可见，采用六面体核心网格生成方法对部分网格进行修改后，可有效减少网格数量，并显著提高空气部分的网格质量，但会降低边界附近的网格质量。通过对比分析发现，采用该剖分方法可有效提高求解效率和精度[85]。

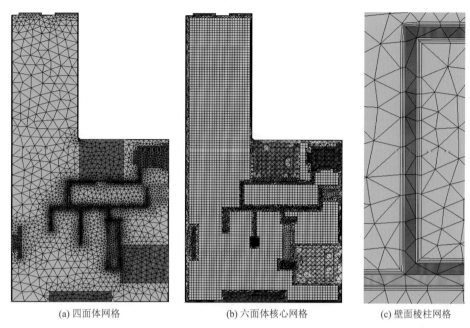

| (a) 四面体网格 | (b) 六面体核心网格 | (c) 壁面棱柱网格 |

图 4.16　电缆室简化模型剖分结果

## 4.3.2　网格无关性验证

为分析不同模型简化方式对计算结果的影响，首先需获得原始模型的计算结果，以电缆室为例进行分析，电缆室的原始模型如图 4.10 所示，该模型较为复杂，合理地控制剖分尺寸对提高计算效率、保证计算精度至关重要。因此，本小节就单元数量对压力升分布的影响进行研究，以获得合理的网格剖分控制方式，并得到较为准确的电缆室原始模型的压力升计算结果。考虑到电缆室为平面对称模型，为减少计算量，均采用 1/2 模型进行计算。三相短路的电弧功率采用式（4.15）计算，且不考虑直流分量的影响，短路电流有效值为 40 kA，弧压 $U_{arc}$ 根据实际试验结果取固定值 1558 V，计算方法与前述一致，$k_p$ 取值 0.45，假设计算过程加载的热源总功率 $P$ 由式（4.30）表示：

$$\begin{cases} i_a = 40 \times \sqrt{2} \times \sin(\omega t)\ \text{kA} \\ i_b = 40 \times \sqrt{2} \times \sin(\omega t - 120°)\ \text{kA} \\ P = \left( |i_a| + |i_a + i_b| \right) \cdot k_p \cdot U_{arc} / 2 \end{cases} \tag{4.30}$$

为了缩短计算时间，计算物理时间（燃弧时间）设定为 5 ms，且泄压盖不开启，隔室固体壁面均设置为绝热边界，收敛残差为 $10^{-4}$，时间步长采用固定步长 0.2 μs。采用三种不同的剖分尺寸获得电缆室 1/2 模型的总单元数量分别为 402322、718925 和 1286505，并对不同单元数量对应的计算时间（计算机参数一致）进行了对比，具体参数如表 4.4 所示。由于开关柜的柜门为重点关注的部位，对燃弧至 5 ms 时柜门的压力升分布进行分析，如图 4.17 所示。

表 4.4 不同剖分参数设置

| 剖分方式 | 总单元数量 | 各区域单元数量 | | 计算时间/h | 燃弧时间/ms |
|---|---|---|---|---|---|
| | | 电弧区域 | 空气区域 | | |
| 1 | 402322 | 9657 | 392665 | 73 | 5 |
| 2 | 718925 | 19693 | 699232 | 146 | 5 |
| 3 | 1286505 | 84539 | 1201966 | 283 | 5 |

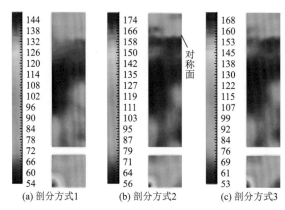

(a) 剖分方式1　　　(b) 剖分方式2　　　(c) 剖分方式3

图 4.17　不同单元数量下柜门的压强分布（5 ms）（单位：kPa）

由图 4.17 可知，三种剖分方式下，获得的柜门压强（压力升）分布差异较小，其中剖分方式 2 与剖分方式 3 的压强分布基本相同。三种剖分方式获得的柜门压强最大值分别为 144 kPa、174 kPa 和 168 kPa，压强最小值分别为 54 kPa、56 kPa 和 53 kPa。剖分方式 2 和剖分方式 3 获得的柜门最大压强和最小压强分别相差 3.4%和 5.4%左右，误差均小于 6%，说明剖分方式 2 与剖分方式 3 在压强分布与数值大小方面的差异较小，结果较为接近。剖分方式 1 虽然获得的压强分布与剖分方式 2 和剖分方式 3 差异较小，但数值相差较大，如柜门的最大压强相差达 17%左右，可见利用剖分方式 1 获得的结果误差较大；而剖分方式 2 虽然单元数量仅为剖分方式 3 的 55.9%，但压强结果与剖分方式 3 基本一致。说明采用剖分方式 2 可满足求解精度要求。

为了进一步说明三种剖分方式下结果的差异，取图 4.11 所示监测点#1~#4 的压强变化进行分析，监测点#1 位于泄压盖的中部，监测点#2 位于柜门（$yz$ 平面）的中部，监测点#3 和#4 分别位于隔室的顶点处，计算结果如图 4.18 所示。由图可知，剖分方式 2 与剖面方式 3 在各监测点的压强变化规律基本一致，曲线重合程度较高，仅在监测点#4 有微小的差异，该监测点位于柜体拐角处，附近零部件较多，使压强的变化较为复杂；而剖分方式 1 与剖面方式 2、剖面方式 3 在各监测点的压强变化均有明显差异，压强曲线的变化趋势与幅值均有较大差异。因此，采用剖分方式 1 获得的结果精度较低，与前述分析一致。由于剖分方式 2 的计算时间仅为剖分方式 3 的 50%左右，综合考虑计算成本与结果精度，该部分采用剖分方式 2 来求解开关柜模型的压力升分布。

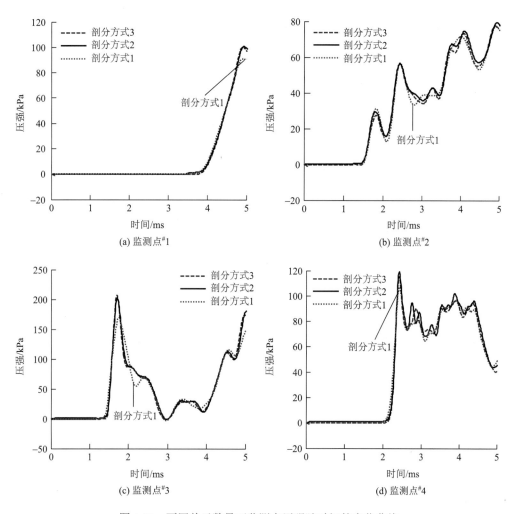

图 4.18　不同单元数量下监测点压强随时间的变化曲线

## 4.3.3　时间步长对计算结果的影响

由于开关柜内部短路燃弧爆炸压力升问题的计算量较大，合理地选择计算时间步长对控制计算量、保证计算精度至关重要。当时间步长较小时，计算精度较高，但计算时间会显著增加；当时间步长增大时，计算时间会大幅度减少，但计算精度会相应降低。因此，有必要对计算时间步长的影响进行分析。以电缆室的简化模型为例进行分析，计算模型如图 4.13 所示，网格剖分尺寸控制参考 4.3.2 小节中电缆室原始模型剖分方式 2。对其在时间步长为 0.2 μs、0.5 μs 和 1 μs 时的压力升分布进行计算，其他参数设置与前述一致，对比不同时间步长对压强分布的影响，从而选择最优的时间步长。

图 4.19 为燃弧至 10 ms 时，柜门表面的压强（压力升）分布。由图中数值可以看出，当时间步长由 0.2 μs 增加至 0.5 μs 时，柜门的压强分布较为接近，数值差异较小，压强

的最大值和最小值均仅相差数帕，表明采用时间步长 0.5 μs 获得的结果与 0.2 μs 基本一致。而当时间步长增加至 1 μs 时，与时间步长 0.2 μs 相比，柜门的压强云图在细节方面的差异有所增加，数值差异明显增大，柜门的最大压强和最小压强均相差 10～20 kPa，最大相对误差虽然达 9.6%，但仍小于 10%，满足工程误差要求。

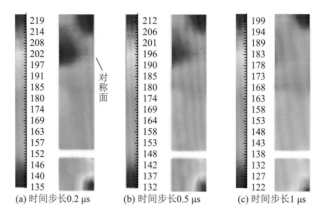

图 4.19　柜门表面的压强分布（kPa）

　　为进一步说明使用不同时间步长获得结果的差异，取图 4.11 中监测点#1～#4 的压强随时间的变化规律进行分析，具体如图 4.20 所示。由图可知，时间步长为 0.2 μs 和 0.5 μs 时，各监测点压强的变化规律基本一致，曲线几乎重合，与上述分析相同。当时间步长增加至 1 μs 时，各监测点压强曲线的变化趋势与时间步长 0.2 μs 相比仍完全一致，虽然在数值上有所偏差，但误差仍较小。当燃弧至 10 ms、时间步长为 0.2 μs 和 1 μs 时，监测点#1～#4 处压强的相对误差分别约为 5.8%、7.2%、13.9% 和 3.1%，仅监测点#3 处压强的相对误差较大，其他监测点压强的差异均小于 10%。监测点#3 位于柜体的拐角处，而拐角处的压强变化较为复杂，因此，要获得较为准确的数值，需减小时间步长以提高求解精度。

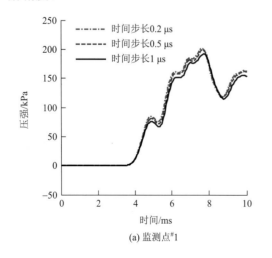

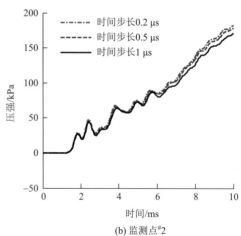

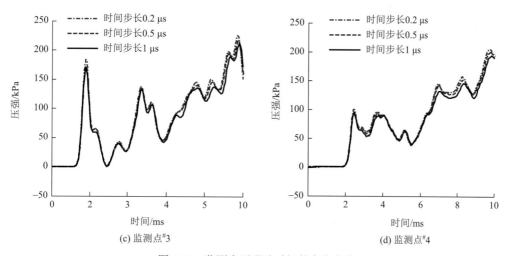

图 4.20　监测点压强随时间的变化曲线

　　虽然部分监测点处压强的相对误差较大，但整体来看采用时间步长 1 μs 获得的结果与 0.2 μs 和 0.5 μs 差异较小。且对于开关柜内部短路燃弧爆炸问题而言，重点关心的部位集中在柜门附近，由上述分析可知，不同时间步长获得的结果差异较小。同时考虑到当时间步长为 1 μs 时，计算 10 ms 所需时间约为 35 h，仅为时间步长为 0.2 μs 时的 1/4 左右。所以，综合考虑计算精度和时间成本，推荐燃弧初期采用时间步长 0.5 μs 进行计算，当柜体内部的压力升分布差异较小（压强变化率较小）后，采用时间步长 1 μs 进行求解。

## 4.3.4　不同简化模型计算结果对比

　　4.2.2 小节提出了四种不同的模型简化方法，包括零部件规则化替代模型（方式 1）、隔室等容积替代简化模型——只含母排（方式 2）、隔室等容积替代简化模型——只含热源（方式 3）、零部件规则化和隔室等容积替代混合模型（方式 4）。上述简化模型中，方式 1 对模型内部结构的改变最小，其次为方式 4，方式 2 和方式 3 对模型内部结构的改变较大。本小节以电缆室为例，在不同简化方式下，对内部压强（压力升）分布的差异进行分析（与 4.3.2 小节原始模型的结果进行对比），以确定最终的简化模型。模型的剖分尺寸控制参考 4.3.2 小节中原始模型的剖分方式。

　　为了分析不同简化模型对隔室内部压强分布的影响，取图 4.11 所示监测点的压强变化进行分析，监测点#1 位于泄压盖的中部，监测点#2 位于柜门的中部（$yz$ 平面），监测点#3 和#4 分别位于隔室的顶点处，监测点#5（$xy$ 平面）和监测点#6（$yz$ 平面）分别位于各柜壁表面的中间位置，各监测点的压强随时间的变化曲线如图 4.21 所示。由图中数据可知，由方式 1 和方式 4 获得的监测点压强变化规律与原始模型基本一致，各监测点压强曲线的重合度较高，证明了采用方式 1 和方式 4 简化开关柜复杂模型的可行性和有效性。

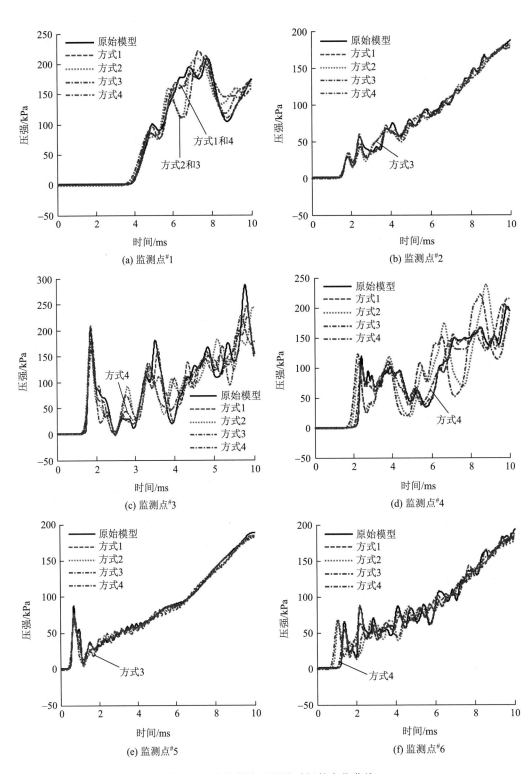

图 4.21　各监测点压强随时间的变化曲线

而由方式 2 和方式 3 获得的压强与原始模型有较大差异，除监测点#2 和#5 的结果差异较小外，其余各点的压强变化有较大不同，特别是拐角处（如监测点#3 和#4）压强的振荡频率和幅值均差异较大，最大相对误差达 65%。分析认为：监测点#2 和#5 均位于隔室的壁面，其附近的布局以及与电弧的距离并无较大改变，所以这两个位置的压强变化与原始模型基本一致。而监测点#1 位于泄压盖顶部，采用等体积替代方法将泄压盖去除，导致该处的压强变化趋势有所不同。监测点#4 和#6 位于柜体 zy-x + 平面，采用等容积方法简化后，使该面的位置发生了较大改变，导致这两个监测点的压强变化与原始模型也有较大差异，而位于拐角处的监测点#4 的压强变化差异更为明显。拐角处的压强变化与压力波的反射叠加作用密切相关，由于隔室结构复杂，将柜体中的相关部件去掉后，对压力波的传播特性造成了较大影响，从而使拐角处的压强波动与原始模型的差异增大，振荡频率发生改变，这从方式 1 和方式 4 在监测点#3 处的差异相对较大可以看出。可见，仅采用隔室等容积替代的方式简化模型，当柜体结构改变较大时，会对柜体内部压力波的传播特性造成影响，使发生改变位置附近和柜体拐角处的压强发生较大变化，与原始模型有较大差异。

等体积替代方法中，方式 2 和方式 3 获得的结果差异较小，变化规律基本一致，但在监测点#4 处有较大差异，主要与方式 3 中监测点#4 所在柜壁的位置改变更大有关，可见柜体改变处的压强变化较大。其他监测点的结果差异与监测点#4 相比明显要小，说明在该结构下，母排对压力波的传播特性影响相对较小。当柜体只含母排时，母排体积较小，且与柜壁的距离较大，使其影响相对较小，但对于拐角处仍有较大影响，如监测点#4。因此，当去掉的部件对柜体的整体布局影响较小时，对压强分布的影响相对较小。

上述对柜体内部监测点的压强进行了分析，但是由于压强受柜体结构、气体流动等影响较大，使监测点的压强波动较大，为分析内部短路燃弧对柜体的影响，有必要对柜壁的受力情况进行分析，柜壁的受力可通过式（4.31）获得：

$$F = \int p \cdot S_{\text{单元}} \mathrm{d}S \tag{4.31}$$

式中：$p$ 为柜壁表面单元的压强；$S_{\text{单元}}$ 为单元面积。

泄压盖、柜壁 1（$zy\text{-}x-$，柜门所在平面）以及柜壁 2（$yx\text{-}z-$）所受垂直方向的合力随时间的变化曲线如图 4.22 所示。由图可知，泄压盖、柜壁所受垂直方向的合力随时间的变化规律与各监测点压强随时间的变化规律类似。由方式 2 和方式 3 获得的结果与原始模型差异较大（最大相对误差达 28%左右）。由于四种简化方式中，柜壁 1 的改变较小，其所受垂直方向的合力的差异也较小；而柜壁 2 上所受垂直方向的合力相差较大，主要与该面的面积改变较大有关。可见，采用隔室等容积替代的方式简化模型时，柜壁的尺寸不宜改变太大。方式 1 和方式 4 垂直方向的合力随时间的变化规律与原始模型完全一致，各曲线基本重合（相对误差均小于 10%），进一步证明了采用方式 1 和方式 4 简化模型可以获得较好的结果。

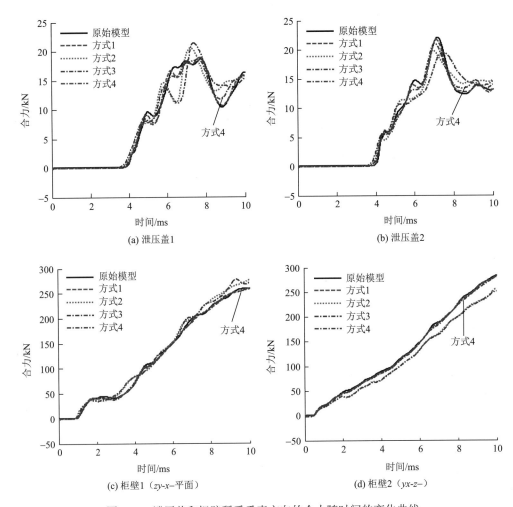

图 4.22 泄压盖和柜壁所受垂直方向的合力随时间的变化曲线

不同简化模型的单元数量和计算时间如表 4.5 所示，其中，在原始模型与方式 4 简化模型压力升计算过程中，计算机的性能参数完全一致，而方式 1 和方式 3 简化模型计算采用的计算机配置较低，计算速度较慢，不具可比性。因此，此处仅列出了原始模型和方式 4 的计算时间。由表中数据可知，采用方式 4 简化模型后，计算时间缩短了约54.39%，单元数量与方式 1 相比减少了 64.81%，而方式 4 获得的计算结果与原始模型基本一致。因此，推荐采用方式 4 对开关柜复杂模型进行简化。

表 4.5  不同简化模型的单元数量和计算时间

| 简化方式 | 原始模型 | 方式 1 | 方式 2 | 方式 3 | 方式 4 |
|---|---|---|---|---|---|
| 单元数量 | 718925 | 434374 | 109510 | 53547 | 152847 |
| 燃弧时间/ms | 10 | 10 | 10 | 10 | 10 |
| 计算时间/h | 296 | — | — | — | 135 |

母线室、断路器室的体积相对电缆室较小，其空气体积分别约为 0.405 m³ 和 0.469 m³。采用相同的方法（方式 4）对母线室和断路器室进行简化，并通过仿真计算对简化的有效性进行了验证，获得电缆室、断路器室和母线室的最终简化模型分别如图 4.13、图 4.23 和图 4.24 所示。

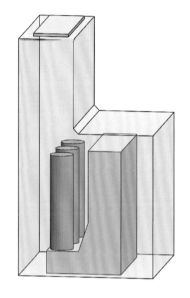

图 4.23　断路器室最终简化模型

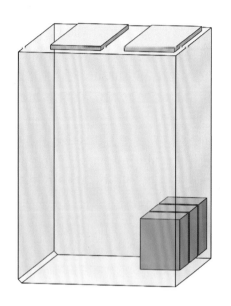

图 4.24　母线室最终简化模型

各隔室被简化后，均为平面对称模型；虽然在三相短路燃弧过程中，A-B 相之间与 B-C 相之间的电弧功率并不相同，但 3.4.2 小节分析了电弧尺寸对压力分布的影响，发现：当电弧尺寸占容器的体积较小时，电弧尺寸对压强分布的影响较小，即电弧区域功率的分布对压强分布的影响较小。而在实际短路燃弧爆炸过程中，电弧尺寸与各隔室尺寸相比均较小。所以，为简化计算，计算过程中保持三相短路电弧的总功率不变，认为其与简化模型一样呈对称分布，即认为 A-B 相之间与 B-C 相之间的电弧功率大小相等，幅值取电弧总功率的 1/2 即可，并通过实际仿真计算对该处理方式的可行性进行了验证。因此，为减少计算量，后续可采用 1/2 模型对各隔室内部的压力升分布进行计算。

## 4.4　本 章 小 结

本章对 7.2 kV 空气绝缘高压开关柜的结构及其内部短路燃弧试验进行了介绍，提出了开关柜复杂模型简化方法，并对简化方法的可行性进行了验证，得到各隔室的最终简化模型，获得的结论如下。

（1）开关柜易发生短路燃弧的隔室包括电缆室、母线室和断路器室，各隔室彼此独立，且均含有泄压通道，燃弧故障主要为三相短路。

（2）各隔室发生三相短路燃弧爆炸时，弧压的大小顺序为：母线室＞断路器室＞电缆室。母线室的弧压远大于其他两个隔室；估算获得母线室、断路器室和电缆室电弧电位梯度的平均值分别约为 185 V/cm、115 V/cm 和 119 V/cm，其远大于开放环境中的短路燃弧数据；考虑直流分量时电弧功率的波动较大，最大幅值达 248 MW，远高于稳定燃弧阶段的 150 MW；电弧能量随燃弧时间的增加呈线性增大，直流分量对电弧能量的影响较小，燃弧至 200 ms 时，考虑直流分量和不考虑直流分量时对应的电弧能量分别为 22.72 MJ 和 22.19 MJ，仅相差 2.3%左右。

（3）仿真时间步长分别为 0.2 μs、0.5 μs 和 1 μs 时，隔室内部的压力升分布差异较小，特别是柜门的受力基本一致，相对误差均在 10%以内；当时间步长为 1 μs 时，计算 10 ms 所需时间仅为时间步长为 0.2 μs 时的 1/4 左右，但在柜体拐角等位置的计算精度有所降低。因此，为提高计算效率并保证计算精度，推荐燃弧初期采用时间步长 0.5 μs 进行计算，燃弧后期（当柜体内部的压力升分布差异较小后）增大为 1 μs。

（4）通过对比不同简化模型获得的压力升分布结果，发现：当柜壁附近的尺寸改变较小时，采用零部件规则化和隔室等容积替代混合模型获得的结果与原始模型差异较小。因此，为减少计算量，对开关柜各隔室均采用零部件规则化和隔室等容积替代混合模型进行简化。采用该简化方法后，计算时间缩短了 54.39%，但计算精度并未降低。

# 第 5 章

## 开关柜内部短路燃弧压力升分布计算

开关柜内部电弧故障严重影响电力系统的安全稳定运行，其产生的高压爆炸效应对设备本身、工作人员以及建筑物的安全带来了严重威胁。高压开关柜被大量应用于配电系统中，如变电站、工厂等许多用电负荷较大的场所。随着开关柜的制造成本被压缩，产品质量参差不齐，很多在运 IAC 级开关柜无法满足电弧故障防护要求。目前针对开关柜内部电弧故障问题主要以型式试验定性校核为主，而型式试验成本高、周期长，耗费大量人力和物力，因此对开关柜内部短路燃弧引起的高压效应进行数值计算，可有效提高电弧故障的应对效率，缩短研究周期。现有针对实际开关柜内部短路燃弧压力升分布规律的研究开展较少，主要集中在小尺寸封闭容器，其结构与实际开关柜差异较大，获得的结论对开关柜的适用性有限。

考虑到开关柜内部电弧故障中，短路燃弧（并弧）故障的危险性远大于串弧故障。因此，分析以短路燃弧故障为主。参考实际运行中开关柜的短路部位，燃弧部位设置在各相母排之间以及断路器动触头之间，且考虑危害最严重的三相短路故障。本章将提出的压力升数值计算方法应用于实际高压开关柜，首先通过计算泄压盖未开启时柜体内部的压力升分布，获得柜体各隔室内部的压力升分布规律，分析压力波的传播特性以及压力波在壁面的反射叠加效应。然后通过 ANSYS 瞬态动力学分析，对泄压盖、柜门的开启压力进行计算，从而确定泄压盖的开启压力阈值以及柜门的安全压力阈值。最后对电缆室、断路器室和母线室泄压盖在不同开启条件下柜门和隔板的压力升变化进行分析，提出泄压通道泄压效率的定义方法，获得现有泄压通道在不同开启条件下的泄压效率以及泄压盖的安全开启角度。

# 5.1　封闭条件下柜体内部压力升分布计算

本节就泄压盖未开启（柜体封闭）时，电缆室、母线室和断路器室中的压强（压力升）分布进行分析，获得相关规律，电弧参数如 4.1.3 小节所述，短路电流和弧压均取实测值。通常情况下，高压开关柜电弧故障型式试验中，燃弧时间约为 1 s，释放的能量可达 110 MJ 左右，但考虑到计算成本，以及泄压盖的开启时间一般为 5～15 ms，本节仅计算燃弧至 20 ms（考虑直流分量的影响）时柜体内部的压强分布。

电缆室三相短路电弧功率和电弧能量随时间的变化曲线如图 5.1 所示，其余两个隔室电弧功率的曲线与电缆室类似，仅数值大小有所差异，在此不一一列出。由图可知，由于直流分量的影响，前 20 ms 电弧总功率的变化情况较为复杂，幅值波动较大，电弧功率的峰值可达 249 MW。电弧能量随燃弧时间的增加逐渐增大，其增大速率与电弧功率的幅值直接相关，当电弧功率的幅值较大时，电弧能量的增大速率较大。当燃弧至 20 ms 时，电弧释放的能量可达 2.6 MW。

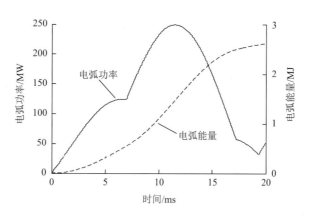

图 5.1 　 电缆室电弧功率和电弧能量随时间的变化曲线

## 5.1.1 　 电缆室内部压力升分布计算

电缆室 1/2 计算模型如图 5.2 所示，起弧部位位于图中母排之间，计算方法与前述一致，计算过程中，假设泄压盖始终保持封闭状态。

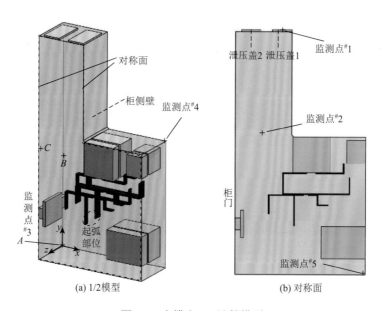

图 5.2 　 电缆室 1/2 计算模型

图 5.3 为电缆室对称截面的压强（压力升）分布，由图可知，燃弧爆炸初期，压力波以球形方式向四周传播，如图 5.3（a）所示，电弧周围的压强较大，且最大值均集中在壁面附近。随着燃弧的进行，电弧所在柜体下部的整体压强逐渐增大，最大值仍位于柜壁与拐角处，如图 5.3（b）和（c）所示。从 1～2 ms，虽然柜体下部的整体压强在增

大，但最大值改变较小，仍维持在 18 kPa 左右，说明压强的增大并非集中在电弧区域附近，而是通过压力波逐渐向外传递。空气的体积膨胀率较大，导致其膨胀的范围较大，当压力波传至障碍物附近时，压强峰值才逐渐增大。随着电弧释放的能量进一步增加，柜体顶部的压强逐渐增大，并逐渐趋于一致［图 5.3（e）］。当柜体顶部压强超过其他部位时，随着压力波的传播，压强相对于底部有所减小，最大值的位置发生改变，出现在柜体下部，但随机性较大。从图中的压强分布还可以看出，柜体下部的压强差异随着燃弧时间的增加逐渐减小，并逐渐趋于一致，但柜体顶部泄压盖附近与下部的压强差异始终较大。可见，燃弧发生后的较短时间内，柜体内部的压强分布差异较大，当燃弧时间持续较长，电缆室下部的压强差异逐渐减小，并最终趋于相同，但与泄压盖附近的压强差异仍较大。

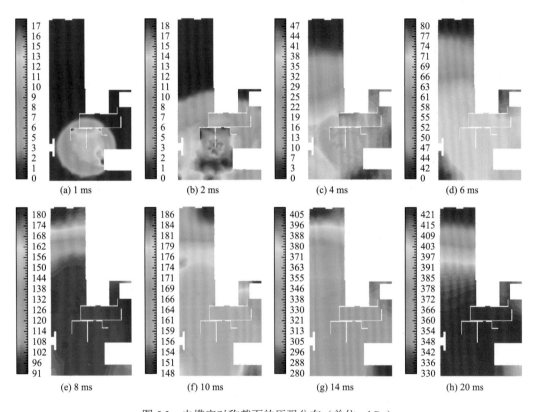

图 5.3　电缆室对称截面的压强分布（单位：kPa）

为进一步分析柜体内部的压强分布规律，取图 5.2 所示监测点#1～#5 的压强随时间的变化规律进行分析。其中监测点#1、#2 和#5 均位于对称面，监测点#1 位于泄压盖顶部，监测点#3 和#4 均位于柜体的拐角处，同时将提出的 CFD 法与 SCM 获得的结果进行对比，结果如图 5.4 所示。由图可知，采用 SCM 获得的压强与采用 CFD 法所获得的压强在变化趋势上基本一致。当泄压盖未开启时，隔室内部的整体压强基本随时间单调递增，但不同位置的压强差异较为明显，特别是位于柜壁和拐角处的压强出现了较大波动，幅值均有不同程度的增加，如图中监测点 #1、#3、#4 和 #5，压强随时间的变化规律较为复杂。而位于隔室中部的监测点 #2 处压强的变化与 SCM 较为接近，曲线较为平滑，无明显波动。分析表明：距壁面及拐角较远位置的压强随时间的变化较为平稳，其变化与隔室整体压强（SCM）变化相同，但在燃弧初期有较大差异，如图中 2 ms 之前，各监测点处的压强均小于 SCM 的结果。这主要由于各监测点与电弧有一定的距离，而压力波由电弧中心传递至各监测点需要一定的时间，该时间大小与距电弧的距离成正比。传递至泄压盖的时间约为 4.4 ms，导致各监测点在燃弧初期的压强仍为初始压强，而 SCM 仅能反映隔室平均压强的变化，并不能反映各位置的差异。因此，对于结构较为复杂的开关柜而言，在考虑压强空间分布的前提下，应采用 CFD 法。

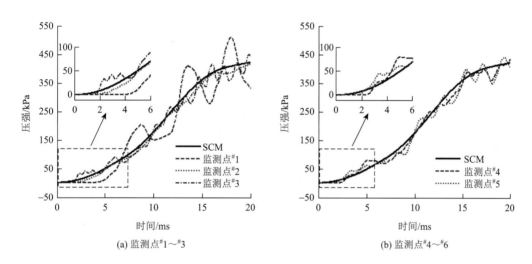

图 5.4　电缆室内部监测点的压强变化曲线

## 5.1.2　断路器室内部压力升分布计算

断路器室 1/2 计算模型如图 5.5 所示，三相短路燃弧部位位于断路器的上动触头之间，其对称截面压强（压力升）分布如图 5.6 所示。

由图可知，隔室整体压强随时间的增加逐渐增大，最大值主要位于泄压盖顶部和手车、柜门的拐角处。燃弧初期（2 ms 之前），手车左侧部位的压强逐渐增大，而手车与柜门部位的压强几乎为 0。当起弧一侧的压强增大到较大值后，压力波迅速传入右侧空间，使该区域的压强逐渐增大。与电缆室中的压强分布类似，随着时间的增加，隔室内部的压强差异逐渐减小；当燃弧至 20 ms 时，最大压强与最小压强仅相差 6.9% 左右，差异小于电缆室，这主要与断路器室的体积较小有关，当空气的膨胀体积减小时，压强更易趋于均匀分布。

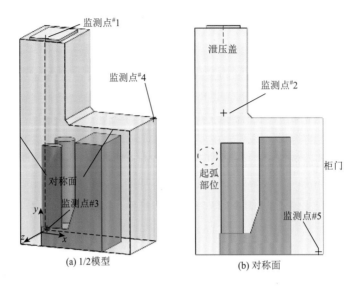

图 5.5 断路器室 1/2 计算模型

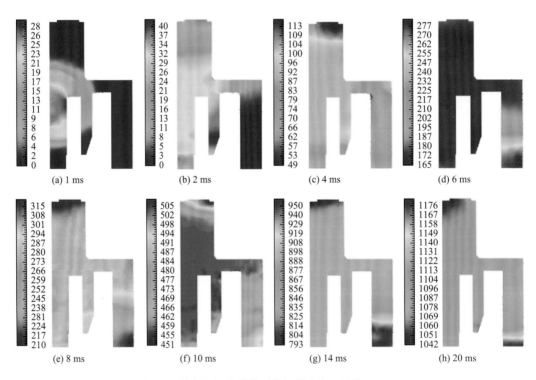

图 5.6 断路器室对称截面的压强分布（单位：kPa）

为进一步分析隔室中压强（压力升）分布的差异性，取图 5.5 所示监测点#1～#5 进行分析，断路器室内部各监测点压强变化曲线如图 5.7 所示。由图可知，各监测点的压强变化规律与电缆室类似，在隔室拐角与壁面附近监测点的压强均出现了波动。采用

CFD 法获得的各监测点压强整体变化规律与 SCM 基本一致，但在燃弧初期差异较大；监测点 #2 位于隔室中间位置，其压强曲线与 SCM 获得的压强曲线基本重合，仅在燃弧初期有较大差异，与电缆室获得的结论相同。其余监测点均位于壁面附近，波动较大。与电缆室相比，监测点 #1 均位于泄压盖附近，但由于断路器室中监测点 #1 距电弧较近，其压强的波动幅度小于电缆室，说明距离电弧较远区域的压强波动较为明显，这从监测点 #5 的压强波动幅度大于其他监测点也可以看出。随着燃弧时间的增加，除远离电弧区域的监测点 #5 外，各监测点处的压强波动逐渐减小，并趋于一致，表明隔室内部压强基本分布均匀，差异较小。在相同电弧功率下，由于断路器室的体积较小，约为 0.469 m³，所以，当燃弧至 20 ms 时，断路器室的最大压强接近 1200 kPa，远大于电缆室的 450 kPa，与隔室的体积差异类似。

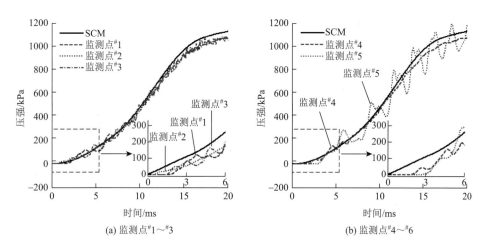

(a) 监测点 #1～#3　　　　　　　　　　(b) 监测点 #4～#6

图 5.7　断路器室内部各监测点压强变化曲线

## 5.1.3　母线室内部压力升分布计算

母线室 1/2 计算模型如图 5.8 所示，三相短路燃弧部位位于与静触头相连的母排之间，其对称截面压强（压力升）分布如图 5.9 所示。

由图可知，起弧初期，压力波以球形方式向四周传播，如图 5.9（a）所示，当传递至壁面时，壁面附近的压强明显增大；随着燃弧时间的增加，隔室内部的压强迅速增大，压强最大的位置主要集中在壁面和拐角处；由于母线室中短路燃弧爆炸释放的能量较其他两个隔室大，隔室内部的压强在较短时间内便会分布均匀。当燃弧至 6 ms 时，对称面的最大压强和最小压强仅相差 7% 左右；而电缆室和断路器室燃弧至 20 ms 时，最大压强和最小压强相差分别达到 27% 和 13% 左右，差异远大于母线室。可见，当短路燃弧爆炸能量越大、隔室体积越小时，压力波的传播速度越快，隔室内部的压强更易趋于均匀分布。

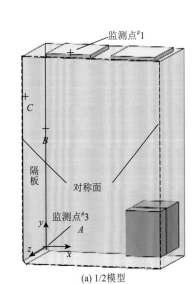
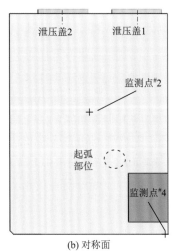

(a) 1/2模型　　　　　　　　(b) 对称面

图 5.8　母线室 1/2 计算模型

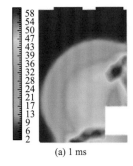
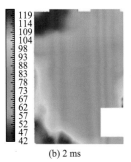
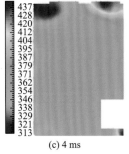
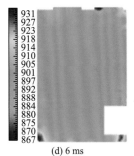

(a) 1 ms　　　　　　(b) 2 ms　　　　　　(c) 4 ms　　　　　　(d) 6 ms

图 5.9　母线室对称截面压强分布（单位：kPa）

取图 5.8 所示监测点#1～#4 处压强随时间的变化规律进行分析,具体如图 5.10 所示。由图可知,各监测点处压强的整体变化趋势与使用 SCM 获得的结果一致,但波动情况差异较大。与电缆室和断路器室类似,位于隔室中部监测点(#2)的压强曲线波动较小。燃弧初期,位于壁面附近监测点#1 和#4 处的压强波动较大,但随着燃弧时间的增加(约 4 ms),波动幅度逐渐减小,波动程度小于其他两个隔室,这主要与封闭条件下母线室的压力容易趋于均匀分布有关。而拐角(监测点#3)处的压强变化较为复杂,脉冲尖峰数量较多,幅值较大,波动幅度与频率远大于其他两个隔室,说明电弧能量增大后,压力波的反射叠加效应在拐角处较为明显,但随着燃弧时间的增加,波动程度逐渐减弱。可见,隔室拐角处与固体壁面表面的压强变化规律有较大不同,这从电缆室和断路器室的分析结果也可以看出。当燃弧至 20 ms 时,母线室的最大压强可达 4000 kPa 左右,分别约为电缆室和断路器室的 8.8 倍和 3.3 倍。

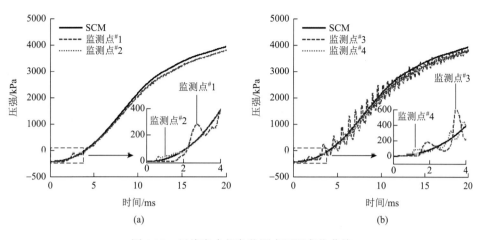

图 5.10　母线室内部各监测点压强变化曲线

## 5.1.4　开关柜内部短路燃弧冲击特性分析

### 1. 柜体内部压力波传播特性分析

为了分析柜体内部压力波的传播特性，取电缆室和母线室中通过热源中心截面的压强数值（$xy$ 平面）进行分析，波阵面如图 5.11 所示。

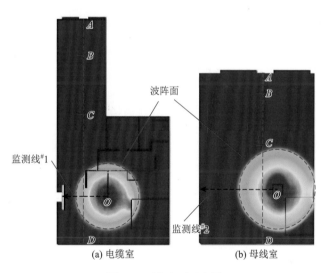

(a) 电缆室　　　　　　　　(b) 母线室

图 5.11　波阵面示意图

从图中可以看出，燃弧初期，压力波以球形波阵面的形式向四周传播，由电弧向外压强逐渐减小。这说明压力波在遇到障碍物之前，其传播路径类似于球形，开关柜内部短路燃弧过程与爆炸类似，气体热浮力的影响可忽略不计[126]，与前述分析一致。为分析压力波的传播规律，取从电弧中心到壁面监测线的压强变化进行分析，监测线#1 和#2 的具体位置如图 5.11 所示。

图 5.12 为监测线#1 和#2 在不同时刻的压强变化规律，由于断路器室中的电弧功率大小与电缆室差异较小，断路器室获得的结果与电缆室类似，在此不一一列出。由图可知，两个隔室中，电弧区域的压强均先增大后减小。燃弧初期，由于电弧能量瞬间释放，电弧区域的压强迅速增大。如图中 0.1 ms 所示，电缆室和母线室中电弧区域的压强峰值分别达 27 kPa 和 73 kPa 左右，且曲线的斜率（绝对值）也远大于其他时刻。同时，在 0.1 ms 时刻，监测线#1 和#2 上的压强均出现了突跃变化的尖峰，表明在该区域形成了压强突跃面，这主要与电弧形成的压缩波在该处叠加有关。燃弧初期，电弧释放的热量使周围气体的温度和压强升高，这时将产生一系列弱压缩波向周围传播。因为电弧附近气体的压强更大，由式（2.67）可知，压缩波的传播速度与压强成正比，所以电弧区域压缩波的传播速度更快，即后一道压缩波的传播速度始终大于前一道，从而在电弧区域前方叠加，形成了更强的压缩波（图中 0.1 ms 所示脉冲尖峰）——冲击波特性，使该位置的压强、密度等量增大。随着电弧区域气体向四周高速运动，其密度大幅度降低，并出现空腔，从而使前方被压缩的气体产生稀疏波，传播方向与冲击波的方向一致，导致波后气体的状态参数如压强、密度等均逐渐下降；同时，由于被压缩气体的体积增大，单位质量气体得到的能量迅速减小，冲击波的强度也会迅速下降。因此，随着燃弧时间的增加，电弧区域附近的压强逐渐下降，但电弧仍在持续燃烧，使附近气体分子的温度较高。所以，虽然电弧区域的气体密度较低，但压强仍维持在较大值，不过数值大小明显小于初始时刻，如图中 0.5 ms、0.7 ms 和 0.9 ms 所示。

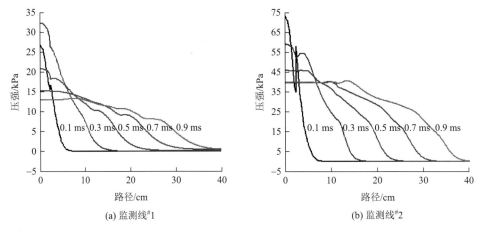

图 5.12　监测线不同时刻压强变化规律

从图 5.12 中还可以看出，冲击波特性仅在燃弧初期产生，且强度明显小于典型空气爆炸冲击波。这主要是因为：随着压力波向外传播，周围位置的压强明显增大，使前方压缩波的传播速度也逐渐加快，虽然电弧区域压缩波的速度仍大于前方压缩波，但差异明显减小，导致后方追上前方压缩波的数量迅速减少，压缩波叠加效应减弱［如图 5.12（a）中 0.5 ms 和 0.7 ms，图 5.12（b）中 0.7 ms 和 0.9 ms，仍出现了前方压强略大于后方的情况］。同时，电弧区域的气体分子数较少，各参量较为接近，使得压缩波在该区域的传播速度基本一致，所以图中曲线均出现平缓变化阶段，即电弧区域附近的压强数值差异较小。当燃弧时间超过 0.9 ms，压力波传递至壁面，而压力波到达壁面后，压强变化较复杂，具体将在后续进行分析。

同时，母线室中电弧功率较大，且其体积较小，使得压强的幅值与变化率均大于电缆室。如图 5.12 中 0.1 ms 所示，监测线#1 和 2 上压强曲线的下降率分别约为 3.87 kPa/cm 和 10.09 kPa/cm，且监测线#2 上压缩波聚集产生的压强脉冲尖峰更为明显，表明：电弧能量越大，在隔室内部越容易形成冲击波特性。随着电弧区域的压缩波迅速向外传播，其他区域的压强逐渐增大，路径上压强随燃弧时间的增加逐渐趋于平缓。而母线室中压强基本相同的区域要大于电缆室，这主要是因为母线室中的压强较大，压力波的传播速度更快，使压强在电弧区域附近均匀分布的时间远小于电缆室。

电缆室和母线室中短路燃弧爆炸时，电弧能量的释放速率分别约为 12.14 MJ/s 和 41.68 MJ/s。而 1 g TNT 爆炸释放的能量为 4.184 kJ 左右[122]，虽然短路燃弧爆炸释放的总能量并不低于 TNT 爆炸释放的能量，但 TNT 爆炸的持续时间为微秒级，其能量释放速率可达上千兆焦每秒，远高于短路燃弧爆炸。综合上述分析可知，开关柜内部短路燃弧爆炸产生的压力波特性接近弱冲击波特性，并不会形成典型爆炸空气冲击波。

## 2. 壁面对压力波传播特性的影响

由图 5.4、图 5.7 和图 5.10 可知，在隔室壁面附近，压强均出现了明显波动，幅值有所增加，而在远离壁面的中间区域压强变化较为平稳，可见固体壁面对压力波的传播特性影响较大。为分析固体壁面对压力波传播特性的影响，取电缆室和母线室中通过电弧中心截面（$xy$ 平面）的压强进行分析，不同时刻的压强分布如图 5.13 和图 5.14 所示。由图可知，当压力波传递至壁面后，隔室内部的压强分布变得较复杂，各位置压强整体增大，且在隔室拐角与壁面处均出现明显增强，表明压力波在拐角与壁面出现了较强的反射与叠加效应。压强增大的区域压力波的传播速度增加，导致下一时刻这些区域的压强相比其他区域又出现下降，从而出现压强峰值在各位置交替出现的情况，即出现图 5.4、图 5.7 和图 5.10 中壁面附近监测点压强的波动现象。

2.3.4 小节从理论角度对冲击波在壁面的反射、叠加效应进行了分析，根据式（2.89）的计算结果可知，冲击波经壁面反射后，压强（压力升）可增大到原来的 2～8 倍。对于强冲击波，随着空气的离解和电离，$\gamma$ 值减小，冲击波的反射增强效应更为明显，增强效应可达 20 倍或更大[157]。通过分析电缆室、断路器室和母线室壁面附近的压强数据，发现在压力波的反射与叠加效应下，壁面附近的压强可增大到原来的 1～3 倍。这表明开关柜内部短路燃弧爆炸产生的冲击波更接近弱冲击波特性，该结论与上述分析一致。

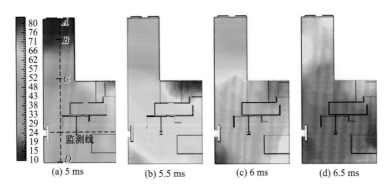

图 5.13　电缆室截面的压强分布规律（kPa）

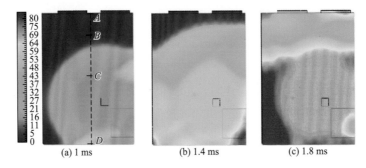

图 5.14　母线室截面的压强分布规律（单位：kPa）

由图 5.3、图 5.6 和图 5.9 可知，电缆室、断路器室和母线室泄压盖位置的压强波动差异较大。电缆室泄压盖位置的压强波动频率较小，但振荡幅度明显更大，表明压力波的反射、叠加效应与隔室结构密切相关。为了说明该现象，取电缆室（图 5.13）和母线室（图 5.14）中监测线上 $A$、$B$、$C$、$D$ 四个监测点处压强（压力升）随时间的变化情况进行分析。监测点 $A$、$B$ 和 $D$ 均位于壁面附近，而监测点 $C$ 位于远离壁面的隔室中部。从图 5.15 和图 5.16 可以看出，电缆室与母线室中监测点处的压强变化规律有明显差异。在电缆室中，监测点 $C$ 和 $D$ 处的压强变化仅在 5 ms 之前有较大差异，后续变化规律完全一致，且振荡频率与电弧功率基本相同，在电弧功率接近 0 时，压强变化较为平缓，电弧功率在峰值附近时，压强曲线上升率较大。监测点 $A$ 和 $B$ 处的压强变化规律也较为接近，但与监测点 $C$ 和 $D$ 处有明显差异，其波动频率较小，但幅值明显增大，与电缆室泄压盖位置的压强变化趋势类似。监测点 $A$ 和 $D$ 均位于柜体壁面位置，但两处的压强变化规律并不相同，表明：壁面位置压强的波动情况与距电弧的距离有关，监测点距电弧越近，其压强变化受电弧功率影响越大；而对于远离电弧的位置，当其与壁面相距较近时，压强变化受压力波的反射与叠加效应影响较大，电弧功率影响较小。

定义压强曲线的振荡周期 $T$ 为相邻波峰之间的时间差，具体如图 5.15 所示。由于监测点 $C$ 和 $D$ 处的压强变化周期与电弧功率一致，在此不做分析。0～30 ms，监测点 $A$ 和 $B$ 处的压强曲线的波动周期分别为 6 ms、5 ms、4 ms 和 4 ms，可见，随着燃弧时间的增加，压强曲线的波动频率逐渐增大，而电弧功率的振荡频率并无较大变化。分析认为：随着燃弧的进行，柜体内部的压强逐渐增大，压力波的传播速度也不断增大，使压力波在壁面的反射频率增大，造成壁面附近监测点 $A$ 和 $B$ 处的压强波动频率增大。但随着隔室内部的压强逐渐趋于均匀分布，电弧功率的影响逐渐增大，使壁面附近压强曲线的波动幅值及频率逐渐减小。

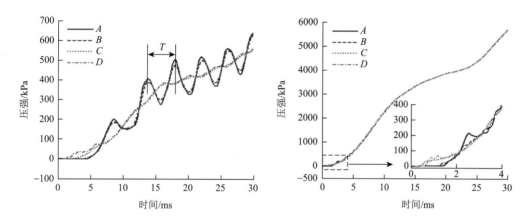

图 5.15　电缆室监测点 $A$、$B$、$C$、$D$ 处压强变化　图 5.16　母线室监测点 $A$、$B$、$C$、$D$ 处压强变化
曲线　　　　　　　　　　　　　　　　　曲线

　　在母线室中，各监测点处压强的变化差异较小，仅在燃弧初期有所不同，且位于壁面附近监测点 $A$ 和 $B$ 处的压强仅在燃弧初期出现较小的波动，并未出现与电缆室中一样的大幅度振荡，而是与电弧功率的变化规律类似。可见，压力波在壁面的反射与叠加效应除与至电弧的距离有关之外，还与柜体的结构、电弧能量密切相关。母线室的结构相对简单，内部的障碍物较少，且其体积也较小。燃弧初期，压力波的传播速度较小，壁面附近的压强由于压力波的反射与叠加效应出现小幅度波动。但由于电弧释放的能量较大（远高于电缆室），隔室内部压强在短时间内上升至较大值，并逐渐趋于均匀分布（6 ms 左右），使压力波的传播速度迅速增大，电弧区域传播至壁面的时间大幅度缩短，导致壁面附近的压强受电弧功率的影响较大，即随着燃弧时间的增加，曲线波动程度减小。而电缆室结构复杂，内部障碍物较多，电弧与顶部泄压盖的距离较远，使压力波由电弧区域传播至泄压盖位置的时间较长，因此泄压盖附近的压强受压力波的反射与叠加效应影响更大。这从断路器室中监测点#5（图 5.5）压强曲线（图 5.7）的波动较大也可以看出，该点虽然与电弧的直线距离较短，但手车的存在使压力波由电弧区域传递至该点的时间较长，导致该点的压强出现大幅度波动。

### 3. 拐角对压力波传播特性的影响

　　由图 5.4、图 5.7 和图 5.10 可知，隔室拐角处与壁面附近的压强（压力升）变化规律并不相同，拐角处压强的变化更为复杂，并无明显规律。为了分析拐角处与壁面附近压强变化的差异性，对电缆室和母线室中拐角处和壁面附近的压强变化规律进行分析，所选监测点 $A$、$B$、$C$ 如图 5.2 和图 5.8 所示。监测点 $A$ 位于三个平面交会的拐角处，监测点 $B$ 位于两个平面相交处，监测点 $C$ 位于固体壁面附近。同时，为了排除与电弧距离的差异对压强变化的影响，$A$、$B$、$C$ 三点位于以电弧中心为球心的同一球面上，即与电弧的距离基本相同。电缆室、母线室监测点 $A$、$B$、$C$ 处压强随时间的变化曲线如图 5.17 所示。

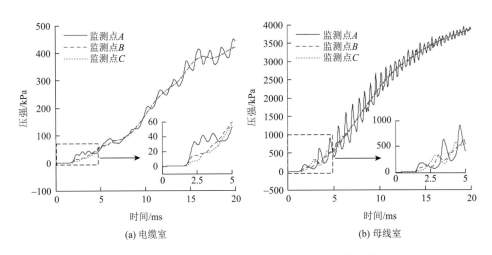

(a) 电缆室　　　　　　　　　　　(b) 母线室

图 5.17　监测点 $A$、$B$、$C$ 处压强随时间的变化曲线

由图可知，拐角 $A$ 处的压强曲线波动程度要远大于监测点 $B$ 和 $C$ 处；而监测点 $B$ 处的压强波动程度仅在燃弧初期稍大于监测点 $C$ 处，随着燃弧的进行，两者逐渐趋于一致。可见，在与电弧的距离基本相同的条件下，拐角处压力波的反射与叠加效应大于壁面附近。在母线室中，如图 5.8 所示监测点 #1 与 #3（$A$）处与电弧的距离基本相同，但监测点 #3（$A$）位于拐角处，其压强波动程度明显大于位于泄压盖附近的监测点 #1 处，与电缆室和断路器室有较大区别。母线室中监测点 $A$ 处压强的波动程度远大于电缆室，这一方面与母线室中电弧释放的能量较大，产生的超压峰值更大有关；另一方面与母线室中障碍物较少，压力波更容易在拐角处聚集有关。随着燃弧时间的增加，由于隔室中的压强逐渐趋于均匀分布，拐角 $A$ 处的压强波动幅度也逐渐减小。

拐角处压强的变化较为复杂的原因可通过伯努利（Bernoulli）方程来说明，具体如式（5.1）所示，其推导过程见第 6 章：

$$\frac{1}{\gamma-1}\frac{p}{\rho}+\frac{p}{\rho}+\frac{v^2}{2}=\text{const} \tag{5.1}$$

式中：$p$ 为压强；$\rho$ 为密度；$v$ 为流速；$\gamma$ 为绝热指数。

可见压强与密度、气体流速等有关。在隔室拐角处和壁面附近，气体的流速均较小。而在拐角处更易出现气体分子的会聚，使其密度增大，从而导致拐角处压强峰值出现大幅度增大。由上述分析可知：隔室拐角区域位于三面交会处，压力波更容易在该区域聚集，使压强幅值出现增大，波动频率也会增大[158]。因此，为提高开关柜抵御内部故障电弧的能力，对于拐角区域应重点加固。

## 5.2 开关柜泄压盖和柜门动力学分析

### 5.2.1 开关柜泄压通道介绍

开关柜泄压通道如图 5.18 所示，电缆室、断路器室和母线室均含有单独的泄压通道。电缆室和母线室顶部装有 2 个泄压盖，泄压口面积约为 960.96 cm$^2$。断路器室顶部装有 1 个泄压盖，泄压口面积约为 1188.88 cm$^2$。当隔室中发生短路燃弧爆炸时，泄压盖在冲击载荷作用下开启，隔室中的超压通过泄压口释放。相邻隔室均用隔板隔开，防止某个隔室内部发生电弧故障时，对其他隔室造成影响。

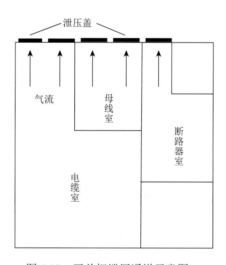

图 5.18 开关柜泄压通道示意图

泄压盖的结构如图 5.19 所示，泄压盖的材质为低碳钢，厚度均为 1 mm，电缆室和断路器室泄压盖的质量分别约为 1.49 kg 和 1.84 kg。为保证泄压盖与柜体可靠连接，从而满足开关柜的防护等级要求（防止外物进入或防止水的浸入）[9]，泄压盖均通过螺栓与柜体相连，每个泄压盖采用 3 个 M6×1（公称直径 6 mm，螺距 1 mm）的低强度尼龙螺栓、5 个 M6 的金属（不锈钢）螺栓固定。当发生内部短路燃弧爆炸时，泄压盖在内部冲击载荷的作用下，尼龙螺栓由于强度较低首先发生断裂，泄压盖开启释放压力。金属螺栓的存在可确保泄压盖开启后仍与柜体可靠相连，防止泄压盖飞出对周围设备及工作人员的安全造成威胁。

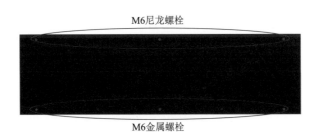

图 5.19　泄压盖结构示意图

## 5.2.2　泄压盖开启压力阈值计算

### 1. 尼龙螺栓受力分析

在冲击载荷作用下,泄压盖的开启过程如图 5.20 所示,泄压盖一侧采用金属螺栓固定,其抗拉强度较高,基本不会出现过载而失效的情况。因此,在泄压盖运动过程中,采用金属螺栓固定的一侧仍然保持固定,泄压盖在高强度冲击载荷作用下发生形变,以图中所示方向翻转,直至泄压口完全开启。从泄压盖的运动情况可知:要使其正常开启,主要需克服泄压盖的重力、3 个尼龙螺栓的抗拉强度以及钢板旋转过程中产生的阻力,而在泄压盖开启前,主要以克服尼龙螺栓的抗拉强度和泄压盖的重力为主。因此,需对尼龙螺栓的抗拉强度进行定量分析。

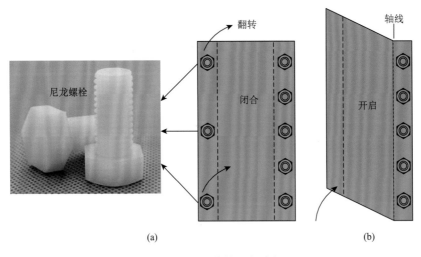

图 5.20　泄压盖的开启过程

尼龙螺栓与泄压盖、柜体通过螺母、螺纹配合连接,三者之间为紧连接,其受载前、后的受力情况如图 5.21 所示。由于尼龙螺栓在短路爆炸冲击载荷作用下主要受拉应力,即轴向载荷的作用,其失效机制主要为螺栓杆和螺纹发生塑性变形或断裂。对于实际开关柜泄压盖而言，其紧固尼龙螺栓的失效机制主要为泄压盖在冲击力作用下导致螺栓杆断裂。因此，主要考虑尼龙螺栓在轴向载荷作用下的拉应力。

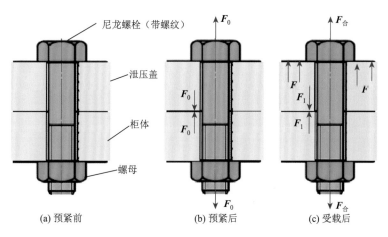

图 5.21　尼龙螺栓的受力情况

在冲击载荷作用前，尼龙螺栓会受到预紧力 $F_0$ 的作用，其与螺栓的拧紧力矩、摩擦力等有关[159-160]，在冲击载荷 $F$ 的作用下，尼龙螺栓的预紧力会由原来的 $F_0$ 减小为 $F_1$（残余预紧力），此时尼龙螺栓所受合力 $F_合$ 可用式（5.2）表示：

$$F_合 = F + F_1 \tag{5.2}$$

随着冲击载荷的增大，残余预紧力相对冲击载荷较小，可忽略不计，因此，尼龙螺栓断裂过程中，其轴向拉力可用载荷 $F$ 表示，则尼龙螺栓所受拉应力如式（5.3）所示[161]：

$$\sigma = F/A_s \tag{5.3}$$

式中：$A_s$ 为尼龙螺栓工作截面（危险截面）的面积，可通过式（5.4）获得[162]：

$$A_s = \pi \left[ \left( d_2 + d_1 - H/6 \right)/2 \right]^2 \Big/ 4 \tag{5.4}$$

式中：$d_2$ 为尼龙螺栓中径，mm；$d_1$ 为尼龙螺栓小径，mm；$H$ 为螺纹原始三角形高度，mm，一般取值为 $0.866025P$（其中 $P$ 为螺距，mm）。

尼龙螺栓中径、小径与公称直径 $d$ 的关系如式（5.5）所示：

$$d_1 = d - 1.0825P, \quad d_2 = d - 0.6495P \tag{5.5}$$

M6 螺栓公称直径 $d$ 为 6 mm，螺距 $P$ 为 1 mm，分别代入式（5.4）和式（5.5）中得到尼龙螺栓的工作截面面积约为 20 mm²。由于同种规格的尼龙螺栓强度远低于金属螺栓，泄压盖的开启压力主要取决于尼龙螺栓的抗拉强度，此处使用的尼龙螺栓最小抗拉强度约为 90 MPa，式（5.6）表示临界破坏拉力：

$$F_{临界} = 90 \times 20 \ \text{N} = 1.8 \ \text{kN} \tag{5.6}$$

当泄压盖在冲击载荷作用下，使尼龙螺栓的轴向拉力达 1.8 kN 时，认为泄压盖开启释放隔室中的过压力。由于泄压盖在开启之前，所受载荷为压力波产生的冲击载荷，如

直接采用静力学进行分析可能会造成较大误差。因此，有必要对泄压盖在冲击载荷下的受力进行分析。

## 2. 瞬态动力学方程的有限元求解

开关柜隔室内部发生燃弧爆炸时，压力波的传播过程较为复杂，泄压盖上受到随时间变化的瞬态冲击动载荷，其具有时间短、峰值大等特点。在这种载荷作用下，结构的惯性效应和阻尼作用不可忽略。因此，必须采用瞬态动力学进行分析（时间历程分析），计算结构在承受任意随时间变化载荷下的动力学响应。瞬态动力学的基本方程如式（5.7）所示[163]：

$$M\ddot{u} + C\dot{u} + Ku = F(t) \tag{5.7}$$

式中：$M$、$C$、$K$、$F(t)$ 分别为结构的质量矩阵、阻尼矩阵、刚度矩阵及结构外载荷矢量矩阵，分别由各自的单元矩阵集成而来；$\ddot{u}$、$\dot{u}$、$u$ 分别为结构节点的加速度、速度及位移矢量。

在任意给定的时间 $t$ 内，这些方程可看成一系列考虑了惯性力和阻尼力的静力学平衡方程，ANSYS 中利用 Newmark 隐式时间积分法在离散的时间点上求解静态平衡方程[164]，假设 $t$ 时刻的节点位移、速度和加速度为已知量，两个连续时间点间的时间增量 $\Delta t$ 称为时间步长，现求解（$t + \Delta t$）时刻的结构响应，则有式（5.8）～式（5.10）所示关系：

$$M\ddot{u}_{t+\Delta t} + C\dot{u}_{t+\Delta t} + Ku_{t+\Delta t} = F(t + \Delta t) \tag{5.8}$$

$$u_{t+\Delta t} = u_t + \Delta t \times \dot{u}_t + [(0.5 - \beta)\ddot{u}_t + \beta\ddot{u}_{t+\Delta t}](\Delta t)^2 \tag{5.9}$$

$$\dot{u}_{t+\Delta t} = \dot{u}_t + [(1 - \xi)\ddot{u}_t + \xi\ddot{u}_{t+\Delta t}]\Delta t \tag{5.10}$$

式中：$\beta$ 和 $\xi$ 为两个待定参数。将 $\ddot{u}_{t+\Delta t}$ 和 $\dot{u}_{t+\Delta t}$ 用 $u_{t+\Delta t}$ 及其他已知量来表示，整理后得到式（5.11）：

$$\hat{K}u_{t+\Delta t} = \hat{F}(t + \Delta t) \tag{5.11}$$

其中，$\hat{K}$ 和 $\hat{F}(t + \Delta t)$ 可分别由式（5.12）和式（5.13）表示：

$$\hat{K} = K + \frac{1}{\beta(\Delta t)^2}M + \frac{\xi}{\beta(\Delta t)}C \tag{5.12}$$

$$\hat{F}(t + \Delta t) = F(t + \Delta t) + \left[\frac{1}{\beta(\Delta t)^2}u_t + \frac{1}{\beta(\Delta t)}\dot{u}_t + \left(\frac{1}{2\beta} - 1\right)\ddot{u}_t\right]M \\ + \left[\frac{\xi}{\beta(\Delta t)}u_t + \left(\frac{\xi}{\beta} - 1\right)\dot{u}_t + \left(\frac{\xi}{2\beta} - 1\right)(\Delta t)\ddot{u}_t\right]C \tag{5.13}$$

式中：$\hat{K}$ 和 $\hat{F}(t + \Delta t)$ 分别为有效刚度矩阵和有效载荷矢量。如果要求解 $u_{t+\Delta t}$，则需要知道当前时刻的 $\hat{F}(t + \Delta t)$，由于 Newmark 隐式时间积分法中任一时刻的位移、速度、加速度都相互关联，使得运动方程的求解变成一系列相互关联的非线性方程的求解，通过在每一载荷步内使用牛顿-拉弗森（Newton-Raphson）法[165]对方程反复迭代实现求解。

### 3. 封闭条件下泄压盖受力分析

分析泄压盖的受力情况对后续开启压力的计算至关重要。根据封闭条件下压力升计算结果，对泄压盖的受力进行分析，且忽略重力的影响，得到电缆室、断路器室和母线室泄压盖所受的轴向合力如图 5.22 所示。由图可知，各隔室泄压盖所受压力与其附近气体压强（压力升）的变化规律类似。由于压力波反射与叠加效应的影响，电缆室泄压盖压力曲线波动较大，而断路器室和母线室泄压盖所受压力的波动较小。同时，电缆室与母线室中，两个泄压盖的受力情况基本相同，分析过程可不考虑两者的差异。

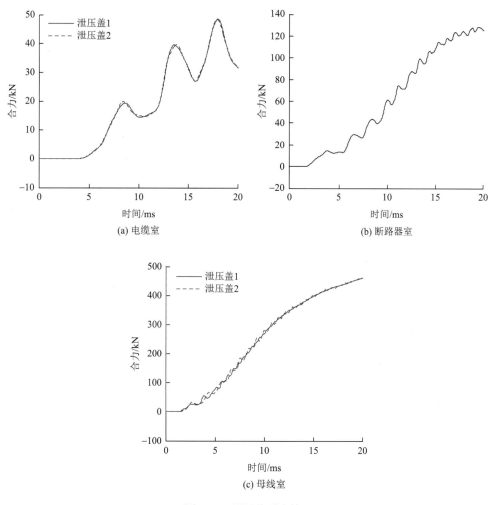

图 5.22　泄压盖受力情况

### 4. 泄压盖开启压力计算

为简化计算，不考虑螺栓本身的动力学过程。泄压盖开启之前，螺栓与泄压盖压接部位的位移忽略不计，将螺栓所受轴向拉力等效为螺栓与泄压盖压接面的拉力。图 5.23（a）为计算模型，图中编号①～⑧的圆面为螺栓与泄压盖的等效压接环形截面，其外直径为螺母与泄压盖的压接直径，约为 12 mm，内直径为螺栓孔的直径，约为 7 mm。计算过程中对①～⑧圆面下表面的自由度进行约束，通过下表面的轴向拉力来反映螺栓的受力情况，对应的有限元模型如图 5.23（b）所示。

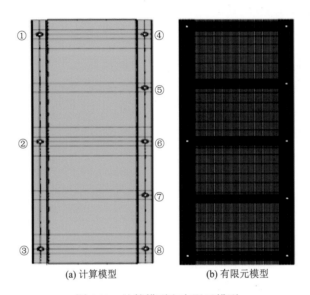

(a) 计算模型　　　　　　　(b) 有限元模型

图 5.23　计算模型和有限元模型

上述泄压盖的材料为 Q235 低碳钢，其性能指标如表 5.1 所示，由于低碳钢属于非线性材料，达到屈服强度以后应力和应变之间的比例系数不再为弹性模量，如图 5.24（a）所示。使用双线性等向强化模型来模拟材料的非线性特性，通过两个直线段来模拟弹塑性材料的本构关系，即认为材料在屈服之前应力和应变以弹性模量成比例变化，达到屈服强度以后，按比弹性模量小的另一个模量（切线模量）变化，如图 5.24（b）所示。

表 5.1　Q235 低碳钢性能指标

| 密度/(kg/m³) | 弹性模量/Pa | 切线模量/Pa | 泊松比 | 屈服强度/MPa |
|---|---|---|---|---|
| 7800 | $2 \times 10^{11}$ | $2 \times 10^{9}$ | 0.3 | 235 |

为尽量准确计算出泄压盖的开启压力，计算过程中，在泄压盖竖直方向加载本小节第 3 点计算获得的泄压盖动态压力载荷，通过不断施加压力载荷进行迭代求解，提取①～

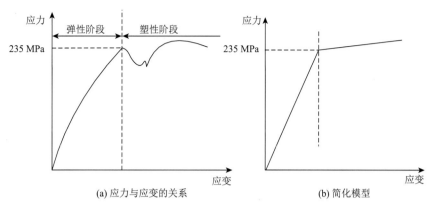

图 5.24　双线性等向强化材料模型

③号螺栓压接环面下表面的轴向拉力 $F$，判断其是否达到尼龙螺栓的临界断裂拉力 $F_{临界}$，从而确定泄压盖的临界开启压力，具体计算流程如图 5.25 所示。

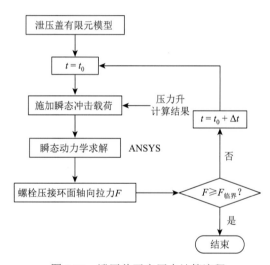

图 5.25　泄压盖开启压力计算流程

加载电缆室泄压盖实际所受的轴向压力，得到①～③号尼龙螺栓压接环面的轴向拉力随时间的变化曲线如图 5.26 所示。由图可知，随着泄压盖表面压力的增大，尼龙螺栓所受轴向拉力随时间呈指数函数增大。由于泄压盖为平面对称结构，在任意时刻①号和③号尼龙螺栓所受的轴向拉力完全相同，②号尼龙螺栓所受的轴向拉力最大。当燃弧至 7.4 ms 左右时，②号尼龙螺栓达到临界断裂拉力 1.8 kN，②号尼龙螺栓断裂。同时，当②号尼龙螺栓断裂后，①号和③号尼龙螺栓承受的轴向拉力迅速增加，也会立即达到其断裂强度。因此，认为②号尼龙螺栓断裂时刻为泄压盖的开启时刻，此时泄压盖上的位移分布如图 5.27 所示。两侧尼龙螺栓固定处位移为零，位移最大值出现在泄压盖中间位置，仅为 5.8 mm，泄压盖的整体形变较小，基本不会对隔室内的压强分布产生影响，即压力升分布计算中可忽略泄压盖的形变影响。

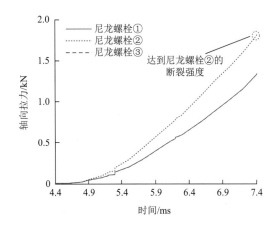

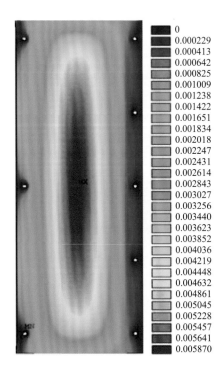

图 5.26　①～③号尼龙螺栓压接环面的轴向拉力随时间的变化曲线

图 5.27　泄压盖开启时刻整体位移分布

　　当燃弧至 7.4 ms 时，泄压盖上的轴向压力约为 12.94 kN（忽略重力的影响），即认为电缆室泄压盖的临界开启压力为 12.94 kN，可见该值小于静态开启压力 14.4 kN。同理，根据断路器室 [图 5.22（b）] 和母线室泄压盖 [图 5.22（c）] 的压力变化规律，得到：断路器室在 3.8 ms 时达到泄压盖的临界开启压力，约为 14.1 kN；母线室在 2.8 ms 左右时达到泄压盖的临界开启压力，约为 32.5 kN。可见，随着隔室中的压强增大，泄压盖的开启时间会缩短，而开启压力明显增大。

### 5.2.3　柜门和隔板耐压强度计算

#### 1. 封闭条件下柜门和隔板受力分析

　　对实际开关柜而言，柜体的薄弱环节主要位于电缆室和断路器室的柜门处，其开启操作频繁，遭受破坏的概率较高，一旦被破坏对工作人员的安全威胁较大。母线室位于电缆室与断路器室之间，考虑到开关柜主要以并柜的方式运行，相邻柜壁的强度较高，极少遭受破坏，此处主要分析隔板（图 5.8 所示位置）所受压力的变化。电缆室、断路器室柜门和母线室隔板垂直方向的受力情况如图 5.28 所示。

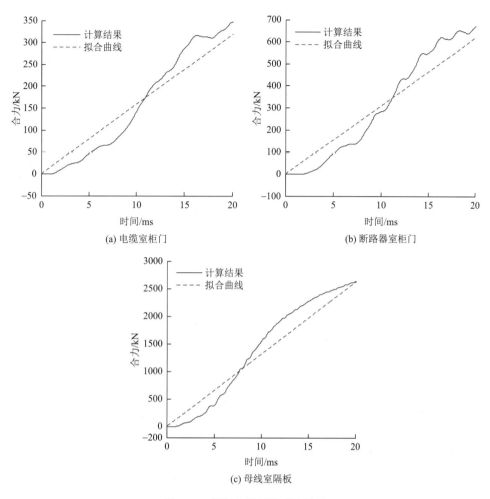

图 5.28　柜门和隔板的受力情况

三个隔室柜门/和隔板所受合力随时间均有较大波动，与监测点压强的整体变化情况类似。其中，电缆室柜门和母线室隔板离电弧较近，其压力曲线变化较为平缓，变化规律与电弧能量类似。而断路器室中由于有手车等复杂部件存在，柜门离电弧的距离较远，在压力波的反射叠加效应影响下，柜门所受合力曲线的振荡频率较大，这与泄压盖的受力存在较大差异。相同燃弧时间下，由于断路器室和母线室中的电弧能量较大，隔室尺寸较小，柜门和隔板所受压力均较大。利用最小二乘法拟合柜门和隔板所受合力 $F$（kN）随时间 $t$（s）的变化关系，具体如式（5.14）所示：

$$\begin{cases} F_{电缆室} = 15930t \\ F_{断路器室} = 30980t \\ F_{母线室} = 131200t \end{cases} \tag{5.14}$$

随着燃弧时间的增加，柜门和隔板所受压力逐渐增大，增大速率为：母线室＞断路器室＞电缆室，与隔室中压强的变化关系类似。

## 2. 柜门和隔板临界破坏压力分析

根据上述获得的电缆室、断路器室柜门和母线室隔板的压力数据（图 5.28），在隔室内部短路燃弧爆炸超压作用下，对柜门和隔板的耐压强度进行计算分析。电缆室和断路器室柜门分别采用 M12 和 M20 螺栓固定，其对应的应力截面积分别为 84.3 mm$^2$ 和 245 mm$^{2[166]}$，两者的强度等级均为 8.8 级，能承受的拉力载荷分别约为 67.4 kN 和 196 kN。母线室隔板由 M8 螺栓固定，其对应的应力截面积和承受的拉力载荷分别为 36.6 mm$^2$ 和 29.2 kN。采用上述相同的方法，对柜门和隔板在冲击载荷作用下的应力分布进行计算，其中电缆室、断路器室和母线室螺栓压接环形截面的外径分别约为 24 mm、30 mm 和 16 mm；计算过程中，在柜门和隔板表面垂直方向加载计算获得压力载荷。电缆室柜门计算模型和有限元模型如图 5.29 所示。

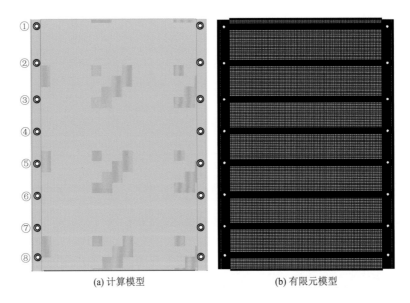

(a) 计算模型  (b) 有限元模型

图 5.29  电缆室柜门计算模型和有限元模型

根据 5.2.2 小节的计算结果可知，电缆室泄压盖在 7.4 ms 时达到临界开启压力，此时柜门垂直方向受到的合力约为 69.5 kN，从静力学受力平衡角度分析，其远小于柜门上 16 个金属螺栓的总断裂拉力 742.4 kN。采用上述瞬态动力学方法进行分析，计算得到：7.4 ms 时，柜门螺栓的最大轴向拉力仅为 11 kN，也远小于单个金属螺栓的断裂拉力 46.4 kN。此时，柜门的最大位移约为 2 cm，相比隔室的体积，柜门变形产生的体积变化（1.5%左右）可忽略不计。即在泄压盖开启条件下，柜门变形对隔室内部压力升计算的影响可忽略不计。

考虑最严重的工况，即电缆室泄压盖达到临界压力后一直没有开启，则柜门上受到的压力始终按图 5.28（a）所示的上升率不断增加，此时柜门发生破坏的可能性有两种：①柜门两侧金属螺栓断裂，柜门被冲开；②柜门钢板在高压下先于金属螺栓发生破裂。

已知柜门钢板的最大失效应变约为 0.28[129]，为了获得柜门在完全封闭状态下能承受的最大临界压力，计算时通过施加图 5.28（a）所示载荷，以柜门的最大等效塑性应变是否达到 0.28 作为结束判据进行求解；柜门等效塑性应变分布如图 5.30 所示。结果表明：在不同时刻，柜门的最大等效塑性应变均位于柜门侧板与螺栓连接处。图 5.31 为柜门最大等效塑性应变随时间的变化曲线。从图中可以看出，当燃弧至 45 ms 左右时，柜门的最大等效塑性应变超过了材料的失效应变 0.28，可认为柜门发生了破坏。在此过程中，8 个螺栓所受最大轴向拉力约为 46.1 kN，均未达到螺栓的断裂拉力。因此，在图 5.28（a）所示载荷作用下，电缆室柜门将先于金属螺栓破裂。在泄压通道封闭条件下，电缆室柜门能承受的临界压力约为 724 kN。

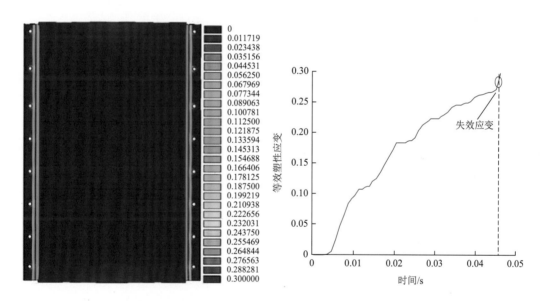

图 5.30　柜门等效塑性应变分布　　　　图 5.31　柜门最大等效塑性应变随时间的
　　　　　　　　　　　　　　　　　　　　　　　　　　变化曲线

同理，在图 5.28（b）所示载荷作用下，计算得到燃弧至约 14.5 ms 时，断路器室柜门达到临界破坏压力，约为 548 kN。在图 5.28（c）所示载荷作用下，计算得到燃弧至 5.0 ms 时，母线室柜门达到临界破坏压力，约为 378 kN。可见，由于母线室和断路器室内部的压强较大，母线室隔板、断路器室柜门相比电缆室柜门更易遭受破坏。

由上述分析可知，正常情况下，该开关柜泄压盖的开启压力远小于柜门的临界破坏压力。但在实际运行中，可能会出现泄压盖开启压力增大、翻转角度较小等故障。因此，有必要对泄压盖在不同开启情况下柜门和隔板的受力情况开展进一步研究。

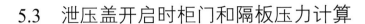

# 5.3　泄压盖开启时柜门和隔板压力计算

本节在泄压盖开启条件下，采用提出的 CFD 法对柜门和隔板的受力情况进行研究，根据封闭条件下的计算结果，获得泄压盖的安全开启角度。在泄压盖开启条件下，隔室内部的压强相比封闭状态会大幅度下降，所以，为减少计算量，同样仅对前 20 ms 柜门的压力变化进行分析，后续变化趋势可根据前 20 ms 的结果进行外推。

## 5.3.1　泄压效率的定义

短路燃弧爆炸冲击载荷对柜体的作用效果与载荷幅值、作用时间、时程变化及作用位置等因素有关[167]。为获得泄压通道的泄压效率，参考爆炸力学比冲量的定义，以各隔室的柜门和隔板为研究对象，定义泄压效率 $\zeta$ 如式（5.15）所示：

$$\zeta = 1 - I_{o}/I_{c}' = 1 - \int_{t_0}^{t} F_{o}\mathrm{d}t \Big/ \int_{t_0}^{t} F_{c}'\mathrm{d}t \qquad (5.15)$$

式中：$I_{o}$ 和 $I_{c}'$ 分别为泄压盖开启和封闭条件下柜门/隔板所受的冲量；$F_{o}$ 和 $F_{c}'$ 分别为泄压盖开启和封闭条件下柜门/隔板垂直方向所受合力；$t_0$ 为泄压盖的开启时刻；$t$ 为作用时间。$\zeta$ 越大，说明泄压通道的泄压效果越好。

## 5.3.2　电缆室柜门压力计算

由图 5.22（a）可知，泄压盖 1 和泄压盖 2 所受压力随时间的变化规律基本一致，即可认为泄压盖 1 和泄压盖 2 同时达到临界开启压力。当两个泄压盖同时开启或只开启一个，且不考虑泄压盖的开启时延时，对柜门的压力进行计算，其变化规律如图 5.32 所示。当燃弧至 20 ms，且开启一个泄压盖时，柜门的最大压力由 346 kN 降为 207 kN，约降低了 40%；而当两个泄压盖均开启时，柜门所受压力降为 32 kN，该值远小于柜门的临界开启压力 724 kN，可见增大泄压口面积可显著降低柜体内部的压强。两种情况下对应的泄压效率分别为 0.24 和 0.56。因此，对于电缆室而言，当泄压盖均能正常开启时，泄压效率较高，柜门在短路燃弧引起的超压作用下，不会发生破坏。

实际泄压盖在开启过程中，可能会出现因阻力过大翻转角度较小的情况，所以需对不同开启角度下柜门的受力情况进行分析。同时，电缆室柜门可承受超压作用的时间较长（泄压盖封闭状态），约为 45 ms。所以，泄压盖允许的故障延时开启时间较长，分析过程中可不予考虑，即达到泄压盖的开启压力时，泄压盖立即开启。当两个泄压盖开启不同角度时，柜门所受压力如图 5.33 所示。由图可知，泄压盖开启后，柜门所受压力在短时间（1.8 ms 左右）内仍与封闭条件下相同，随后才开始减小。该时间为泄压通道泄

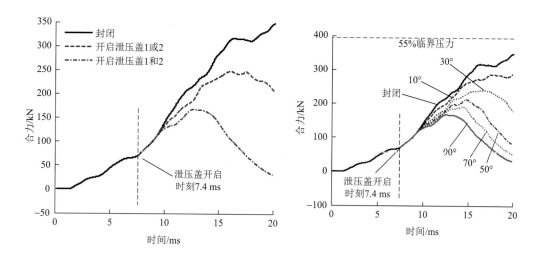

图 5.32　不同泄压盖开启数量下电缆室柜门所受　图 5.33　不同泄压盖开启角度下电缆室柜门所受
压力　　　　　　　　　　　　　　　　压力

压的响应时间，与气体的惯性有关。泄压盖开启之前，泄压盖附近的气体流速较小（接近于 0）；泄压盖开启瞬间，气体惯性的作用使得流出隔室的气体分子数较少，所以隔室中的压强在短时间内仍以原始上升率增大。泄压盖开启后，当开启角度小于 30°时，柜门的压力仍会随着燃弧时间的增加而增大，表明泄压速率低于压力的增大速率，柜门仍有被冲开的危险；而当开启角度大于 30°时，柜门的压力随燃弧时间的增加逐渐减小，柜门所受威胁较小。当燃弧至 20 ms，且开启角度分别为 10°、30°、50°、70°和 90°时，对应的泄压效率分别为 10%、21%、36%、45% 和 53%。随着开启角度的增大，泄压效率逐渐提高，但当开启角度达到 50°时，继续增加开启角度，泄压效率的增长幅度逐渐减小；当开启角度为 70°和 90°时，两者的泄压效率仅相差 8% 左右。因此，对于电缆室而言，只要两个泄压盖的开启角度达到 30°便可确保柜体的安全。

### 5.3.3　断路器室柜门压力计算

由于断路器室柜门可承受超压作用的时间约为 14.5 ms（泄压盖封闭状态下），即泄压盖允许的故障延时开启时间较长，分析过程中同样不考虑泄压盖的延时开启情况。不同开启角度下，柜门的受力情况如图 5.34 所示。与电缆室类似，泄压盖开启后，在短时间内柜门压力仍与封闭条件下相同，压力下降的响应时间约为 1.5 ms。与电缆室相比，该响应时间有所缩短。由于断路器室体积较小，隔室内部压强（压力升）较大，当泄压盖的开启角度为 10°时，柜门的压力随燃弧时间增加出现小幅度上升后便迅速下降，且柜门所受压力峰值（342 kN）远小于临近破坏压力 548 kN。因此，对于断路器室而言，当泄压盖开启角度超过 10°时，柜门所受威胁较小。当燃弧至 20 ms，且开启角度分别为

10°、30°、50°、70°和90°时，对应的泄压效率分别为45%、75%、81%、85%和88%。断路器室泄压通道的泄压效率远大于电缆室，这主要与泄压盖面积较大、开启时间较短，且隔室体积较小等因素有关。当开启角度超过10°时，泄压效率随开启角度的增大而增大，但增大幅度明显减小。所以对于断路器室而言，泄压盖开启角度达到30°左右便可确保柜体的安全。

### 5.3.4　母线室隔板压力计算

泄压盖的开启时刻为2.8 ms，而隔板可承受超压作用的时间仅为5 ms左右（封闭状态下），所以，对于母线室而言，泄压盖允许的故障延时开启时间较短，仅为2 ms左右。不同开启角度下，隔板的受力如图5.35所示。由图可知，泄压盖开启后，隔板压力下降的响应时间约为0.7 ms，该时间与电缆室和断路器室相比明显缩短，说明：隔室体积较小而内部的压强越大时，泄压盖开启后隔室柜门/隔板压力下降的响应时间越短。与断路器室类似，当泄压盖开启的角度为10°时，隔板的压力先增大，随后迅速减小，但隔板承受的压力仍会超过临界破坏压力378 kN，隔板有破裂的风险；当泄压盖的开启角度超过30°时，隔板的压力迅速下降至0附近，隔板所受压力峰值小于其临界破坏压力。当燃弧至20 ms，且开启角度分别为10°、30°、50°、70°和90°时，对应的泄压效率分别为79%、94%、96%、97%和97%，可见泄压效率均大于70%。当开启角度达到30°时，随着开启角度的增大泄压效率的差异逐渐减小，并趋于稳定。对于母线室而言，当泄压盖的开启角度达到30°时才可保证隔板的受力在临界压力以下。由于母线室的体积较小，泄压盖的面积较大，且泄压盖的开启时间较短，母线室泄压通道的泄压效率远高于电缆室和断路器室。尽管如此，由于母线室隔板较薄（仅2 mm），且承受的冲击载荷较大，与电缆室和断路器室相比，其安全裕度较小，破裂的风险仍较大。因此，为确保母线室隔板的安全，需采取一定的加固措施。

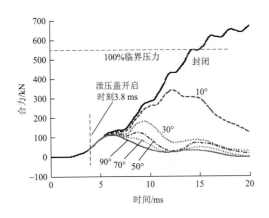

图5.34　不同泄压盖开启角度下断路器室柜门所受压力

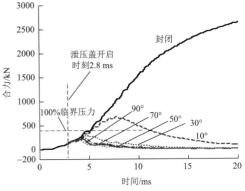

图5.35　不同泄压盖开启角度下母线室隔板所受压力

# 5.4　本　章　小　结

本章利用提出的计算方法对开关柜不同隔室内部短路燃弧过程中压力升的分布规律进行了研究，采用 ANSYS 瞬态动力学分析，对泄压盖的开启压力阈值以及柜门和隔板的破坏压力阈值进行了计算，并对泄压通道的泄压效率进行了定义，对泄压盖不同开启角度下的泄压效率进行了分析，获得了如下结论。

（1）封闭条件下，隔室内部压力升随燃弧时间的增加而增大，压力升峰值主要位于壁面和拐角处；燃弧初期，隔室内部不同位置的压强差异较大，随着燃弧时间的增加，压强差异逐渐减小；短路能量越大，隔室体积越小，压力波的传播速度越快，隔室内部的压强也越大，且更易趋于均匀分布；当燃弧至 20 ms 时，母线室的最大压力升可达 4000 kPa 左右，约分别为电缆室和断路器室的 8.8 倍和 3.3 倍。

（2）隔室内部的压力波遇见障碍物之前，其传播路径类似于球形，内部短路燃弧过程与爆炸现象类似，气体热浮力的影响可忽略不计；压力波传播过程中，形成了弱冲击波特性。

（3）在隔室壁面附近和拐角处，压强出现了明显波动，幅值大幅度增大，压力波的反射和叠加效应使壁面附近的压强增大了 1～3 倍。壁面位置压力波的反射和叠加效应与距电弧的远近有关，当距电弧较近时，压强变化受电弧功率的影响较大；当距电弧较远时，压强变化受压力波的反射和叠加效应影响较大，而受电弧功率的影响较小；与电弧距离相同的条件下，三个平面交会的拐角处压力波的反射和叠加效应要远大于壁面附近。

（4）泄压盖开启条件下，泄压盖与柜门形变产生的体积变化较小，对压力升计算的影响可忽略不计。在电弧电流为 40 kA 和尼龙螺栓抗拉强度为 90 MPa 的前提下，电缆室、断路器室和母线室泄压盖的开启压力分别约为 12.94 kN、14.1 kN 和 32.5 kN，对应的开启时刻分别为 7.4 ms、3.8 ms 和 2.8 ms；电缆室、断路器室和母线室泄压通道的泄压响应时间分别为 1.8 ms、1.5 ms 和 0.7 ms，响应时间随隔室中压强的增大而缩短。封闭条件下，电缆室、断路器室柜门和母线室隔板的临界开启压力分别约为 724 kN、548 kN 和 378 kN。

（5）随着泄压盖开启角度的增大，泄压通道的泄压效率逐渐增大，但增大幅度逐渐减小；对于电缆室、断路器室和母线室而言，当泄压盖的开启角度分别超过 30°、10° 和 30° 时，便可确保柜体的安全。相对于电缆室、断路器室柜门，母线室隔板的安全裕度较小，破裂的风险较大，应对其进行加固处理。

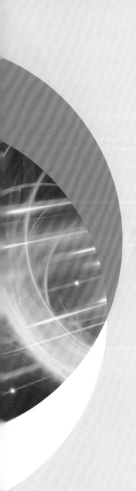

# 第 6 章

## 开关柜泄压通道优化设计

泄压通道是柜体释放短路燃弧引起过压力的关键部位,其安全、可靠开启是确保设备、工作人员以及建筑物等安全的根本保障。目前,针对内部短路燃弧爆炸压力升的抑制措施主要以小尺寸封闭容器研究为主,提出的措施主要包括:①加装金属网格能量吸收器,通过金属网格对热量的吸收和对气流的阻挡作用来减少短路燃弧对隔室外部的影响;②采用易于熔化的金属电极,通过燃弧过程金属的熔化吸热来消耗一部分短路释放的能量,从而降低压力效应的作用;③在容器顶部增加缓冲室,使燃弧室释放的高温高压气体快速进入缓冲室,从而减小短路燃弧对设备和建筑物的影响。上述措施的抑制效果仅在简易封闭容器中实现了验证,针对实际开关柜的应用研究较少。同时,目前关于开关柜泄压通道的设计以经验为主,缺乏系统研究。本章对目前泄压通道存在的不足之处进行分析,提出泄压通道的改进方法;推导考虑泄压口的压力升 SCM,并对 SCM 与提出的 CFD 法的计算结果进行对比,分析两者的差异;利用 NSGA-II 算法对改进泄压通道的尺寸参数进行优化;最后利用提出的压力升计算方法对改进泄压通道的泄压效果进行验证。研究旨在实现柜体和泄压通道的最优压力配合,为高压开关柜的设计和运维提供参考。

# 6.1　开关柜泄压通道改进设计方法

## 6.1.1　现有泄压通道的不足

由第 5 章的分析可知,现有泄压通道虽然能对压力进行有效释放,但泄压盖采用折叠翻转的方式开启,需要克服的翻转阻力较大。与此同时,泄压盖长期暴露于复杂(污秽、潮湿等)环境中,固定螺栓很容易出现锈蚀、阻塞等现象,使得泄压盖的开启压力提高,最终可能导致长期运行的开关柜泄压盖出现拒开、延时开启、翻转角度较小等故障情况。而随着高压开关柜的制造成本被压缩,大多数开关柜的柜门强度无法满足故障电弧防护等级要求,一旦泄压盖不能及时正常开启释放压力,将出现柜门被冲开的严重安全事故,从而对周围工作人员造成较大威胁。

同时,泄压盖开启后,从泄压口释放的高温高压气体、炽热颗粒物直接被排放至柜体周围且并无有效引导,很容易对周围设备造成影响,引发二次事故,甚至出现"火烧连营"的重大安全事故。图 6.1 中,柜体内部高温气体被直接排出柜体外部,虽然高温气体主要被排至柜体顶部,柜体四周的高温气体较少,但飞溅的高温液滴散落在柜体周围,仍会对设备和工作人员带来较大威胁;且泄压盖翻转打开方向朝向柜前或柜后工作人员频繁出现的位置,给工作人员带来较大的安全隐患。另外,从泄压口释放的高压气体直接喷向柜体顶部,当建筑物与柜体顶部的距离较小时,容易对建筑物造成破坏。因此,基于泄压通道的上述不足,为提高现有泄压通道的可靠性和安全性,对从泄压口释放的高温、高压气体进行有效引导,减少对设备和工作人员的伤害,提出了如下泄压通道改进设计方案。

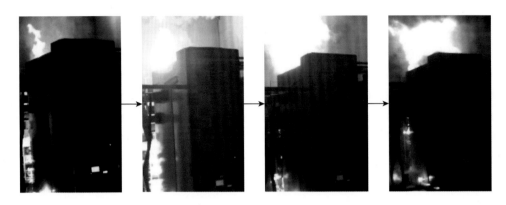

图 6.1　泄压盖开启后高温气体释放过程

## 6.1.2　泄压通道改进设计方案

通常情况下，室内开关柜一般以并柜的方式运行，为简化分析，本小节以 2 面开关柜并柜工作为例进行泄压通道优化设计，具体设计方案如图 6.2 所示。

在柜体顶部安装缓冲室和定向引弧通道，通道延伸至墙体，并通过外延部分与外部环境相连（墙体外部），且通道出口朝向安全性较高的方向。当柜体内部发生短路燃弧爆炸事故时，柜体顶部泄压盖开启，高温高压气体从柜体排出进入缓冲室，并通过引弧通道排至外部环境。缓冲室与柜体、引弧通道之间均通过高强度螺栓固定，以保证通道与柜体间可靠相连。考虑到前柜门、柜体侧面工作人员触及的概率比较大，为了防止从引弧通道逸出的高温气体对周围工作人员造成伤害，引弧通道由后柜门一侧延伸至外部环境。同时，为了防止喷出的高温高压气流对周边环境造成伤害，引弧通道的出口采用圆弧角过渡朝向正上方。该开关柜的防护等级为 IP43（防止固体入侵等级为 4，防止液体入侵等级为 3），引弧通道出口位置上方需安装防雨帽，以防止水分等进入柜体内部，并在外延部分底部安装尺寸较小的金属网格，用于收集雨水、污秽等。

为提高泄压盖开启的可靠性，将折叠翻转式改为铰链式，具体如图 6.3 所示。折叠式泄压盖在翻转过程中，需要克服钢板折叠带来的阻力 $F_1$，且阻力会随着翻转角度的增大而增大，而泄压盖所受压力会随着翻转角度的增大而逐渐减小，因而在翻转后期泄压盖的翻转速度会逐渐下降，使得泄压盖完全开启（90°以上）所需的时间较长，甚至出现开启角度较小的情况。将泄压盖折叠部位改为铰链后，其翻转过程产生的阻力 $F_2$ 将大幅度减小，泄压盖完全开启的时间与原泄压盖相比可缩短约 35%，提高了泄压盖动作的可靠性与快速性。同时，泄压盖表面的弯折程度也会明显改善，当发生一次燃弧爆炸后，原折叠式泄压盖表面会出现较大弯曲变形，基本无法再次使用，而采用铰链式后，泄压盖表面出现的形变较小，可提高泄压盖的重复使用率，节约成本。

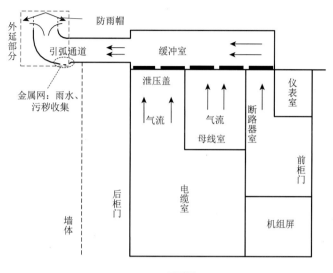

(a) 平面图

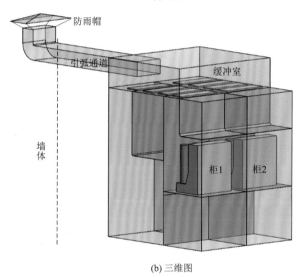

(b) 三维图

图 6.2  开关柜泄压通道改进示意图

在忽略泄压盖重力的情况下，其开启压力主要与受力面积、隔室内部的压强等有关。受力面积越大，泄压盖所受压力也越大，通过增加泄压盖面积可缩短开启时间。对于电缆室、母线室含有两个泄压盖的隔室，可改为一个面积较大的泄压盖，具体尺寸选择将在后续进行讨论。同时，为确保开关柜满足防护等级 IP43，原泄压盖螺栓的预紧力和强度较大，但安装泄压通道后，可有效防护固体和液体的入侵。因此，可降低尼龙螺栓的强度，从而使泄压盖尽快开启。

泄压通道的改进，一方面可以降低泄压盖的开启压力、实现柜体内部高温高压气流的定向流通，从而减少高温气流对周边设备的影响；另一方面可以保护建筑物免遭短路燃弧冲击力带来的威胁。

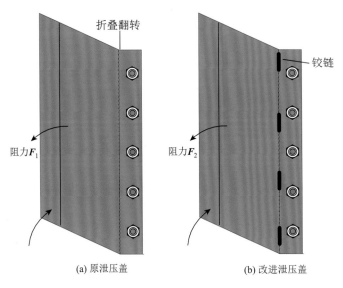

(a) 原泄压盖        (b) 改进泄压盖

图 6.3 泄压盖改进方法

## 6.2 考虑泄压口的压力升 SCM

由 5.1.1 小节可知，对于开关柜内部短路燃弧压力升的计算，采用提出的 CFD 法更为合适；但该方法计算量较大，针对改进泄压通道的参数设计，其计算效率较低，并不适用。因此，拟采用 SCM，并配合 NSGA-II 算法对改进泄压通道的相关参数进行优化设计。本节参考封闭条件下的 SCM，对含有泄压口的 SCM 进行推导。为简化分析，推导过程基于 2.3.1 小节的相关理论，并作如下假设：①忽略气体的重力；②不考虑气体的黏性；③不考虑气体与研究体系外的热交换；④压强和温度在隔室内均匀分布；⑤对于每个时间间隔 $dt$，燃弧爆炸过程瞬时完成，其后无新的热源，燃弧释放的能量瞬间转变为气体的内能和动能，仅影响初始条件，即假设整个过程是等熵的，具体如下。

### 6.2.1 可压缩气体的伯努利方程

对于不可压缩气体，其机械能转换遵守伯努利方程。而对于可压缩气体，气体流动过程静压变化较大，导致其密度会发生较大的改变，这时理想流体定常流动的伯努利方程将不再适用[168]。因此，需引入适用于可压缩流体的伯努利方程。对于理想流体（无黏性），其欧拉运动的微分方程如式（6.1）所示：

$$\rho \frac{\mathrm{d}v}{\mathrm{d}t} = \rho f - \nabla p \tag{6.1}$$

为简化分析，此处考虑定常的一维流体，且忽略质量力的影响，如式（6.2）所示：

$$\frac{\partial p}{\partial x} = \frac{\mathrm{d}p}{\mathrm{d}x}, \quad \frac{\partial u}{\partial x} = \frac{\mathrm{d}u}{\mathrm{d}x} \tag{6.2}$$

式（6.1）可简化为式（6.3）：

$$\frac{1}{\rho}\frac{\mathrm{d}p}{\mathrm{d}x} + u\frac{\mathrm{d}u}{\mathrm{d}x} = 0 \tag{6.3}$$

对式（6.3）进行积分，第二项在流通截面上的积分如式（6.4）所示：

$$\int_A u\mathrm{d}u = \delta v^2/2 \tag{6.4}$$

式中：$\delta$ 为动量修正系数。对于管内高速流动的气体，$\delta$ 可取 1，则式（6.4）可写为式（6.5）：

$$\int_A u\mathrm{d}u = v^2/2 \tag{6.5}$$

积分 $\int \mathrm{d}p/\rho$ 取决于压强与密度之间的变化关系。当燃弧室中的高压气体从隔室中流出时，气流与容器壁接触时间较短，来不及与周围气体进行充分的热交换，且压力升的计算基于 $k_p$ 因子，因此可不考虑气体与容器壁面的热交换。故该过程可近似按绝热膨胀过程或等熵膨胀过程来处理，即满足式（6.6）所示关系：

$$p/\rho^\gamma = \mathrm{const} \tag{6.6}$$

式中：$\gamma$ 为比热比（$\gamma = c_p/c_V$），又称绝热系数。代入积分可得式（6.7）：

$$\int\frac{\mathrm{d}p}{\rho} = \frac{\gamma}{\gamma-1}\frac{p}{\rho} \tag{6.7}$$

则式（6.3）的积分可写为式（6.8）：

$$\frac{\gamma}{\gamma-1}\frac{p}{\rho} + \frac{v^2}{2} = \mathrm{const} \tag{6.8}$$

对于流动方向上的任意两截面，有

$$\frac{\gamma}{\gamma-1}\frac{p_1}{\rho_1} + \frac{v_1^2}{2} = \frac{\gamma}{\gamma-1}\frac{p_2}{\rho_2} + \frac{v_2^2}{2} \tag{6.9}$$

式（6.9）为压缩气体做绝热流动时的能量方程。该式可改写为式（6.10）：

$$\frac{1}{\gamma-1}\frac{p}{\rho} + \frac{p}{\rho} + \frac{v^2}{2} = \mathrm{const} \tag{6.10}$$

由理想气体热力学关系，可得式（6.11）：

$$\frac{1}{\gamma-1}\frac{p}{\rho} = \frac{1}{\gamma-1}RT = \frac{1}{(c_p-c_V)/c_V}RT = \frac{c_VRT}{R} = c_VT = e \tag{6.11}$$

式中：$e$ 为比内能。因此，式（6.10）又可写为

$$c_VT + \frac{p}{\rho} + \frac{v^2}{2} = h + \frac{v^2}{2} = \mathrm{const} \tag{6.12}$$

式（6.10）和（6.12）为可压缩气体做等熵运动的伯努利方程。对于研究体系而言，

只要流体与边界没有热和功的交换，该式便成立[101]，因此，式（6.12）对于考虑黏性的气体流动也是成立的。

## 6.2.2　考虑泄压口的 SCM 推导

1.2.1 小节给出了封闭隔室内部压力升的 SCM，即未考虑隔室内部气体的质量损失。而实际开关柜均装有泄压装置，以防止内部压力过高引起柜体破裂，当过压力超过泄压装置的开启压力阈值时，气体从泄压口流出将柜体内的压力释放。因此，当隔室含有泄压口时，需考虑隔室内气体的流动，其压力释放过程可用图 6.4 进行描述。图中，燃弧室（AR）体积为 $V_{AR}$，其右侧有泄压口，泄压口表面积为 $A$；泄压室（RR）体积为 $V_{RR}$，燃弧室中的热气体通过泄压口进入泄压室[47]。

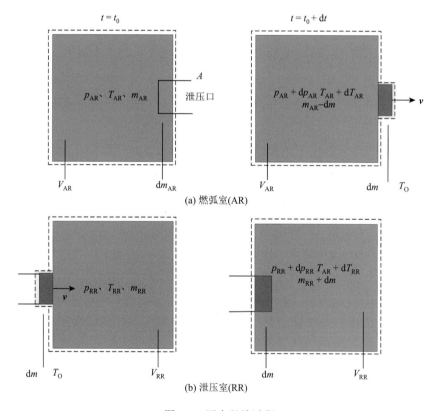

图 6.4　压力释放过程

隔室内的气体状态 $st$ 用式（6.13）表征：

$$st = f(p, T, m) \tag{6.13}$$

式中：$p$ 为压强；$T$ 为温度；$m$ 为质量。

$t = t_0$ 时刻，AR 中气体的状态为 $st_{AR} = f(p_{AR}, T_{AR}, m_{AR})$；RR 中气体的初始状态为 $st_{RR} = f(p_{RR}, T_{RR}, m_{RR})$。假设从该时刻开始，AR 中的气体经过泄压口进入 RR，设气流速度为 $v$，流出气体的质量为 $dm$，经过 $dt$ 时间后，即 $t = t_0 + dt$ 时刻，AR 及 RR 中气体的状态可用式（6.14）和式（6.15）进行表征：

$$st'_{AR} = f(p_{AR} + dp_{AR}, \ T_{AR} + dT_{AR}, \ m_{AR} - dm) \tag{6.14}$$

$$st'_{RR} = f(p_{RR} + dp_{RR}, \ T_{RR} + dT_{RR}, \ m_{RR} + dm) \tag{6.15}$$

在燃弧室中，假设在时间间隔 $dt$ 内，电弧释放的能量中，引起隔室气体压力上升的能量为 $dQ$，则 $dQ$ 可用式（6.16）表示：

$$dQ = k_p \cdot P_{arc} \cdot dt \tag{6.16}$$

根据热力学第一定律，电弧释放的能量一方面引起燃弧室内气体（$m_{AR}$）内能的增加（$dE_{AR}$），另一方面引起气体膨胀对外做功 $dW$。同时，当气体从泄压口流出时，还会引起气体的动能增加 $dW_{ke}$。因此，式（6.16）可改为式（6.17）～式（6.19）：

$$k_p \cdot P_{arc} \cdot dt = dU_{AR} + dW + dW_{ke} \tag{6.17}$$

$$dW = p \cdot dV_{AR} \tag{6.18}$$

$$dW_{ke} = dm \cdot v^2 / 2 \tag{6.19}$$

燃弧室中气体（$m_{AR}$）内能的增加量 $dE_{AR}$ 包括流出气体的内能和剩余气体的内能。燃弧室中的气体质量时刻在发生改变，不便于分析。因此，为简化分析，$dE_{AR}$ 可用式（6.20）表示：

$$dE_{AR} = dE_{V_{AR}} + dm \cdot e(T_{AR}) \tag{6.20}$$

式中：$dE_{V_{AR}}$ 为燃弧室中气体（$V_{AR}$）的内能改变量；$e(T_{AR})$ 为流出气体的比内能。

根据式（6.20），可将式（6.17）改写为式（6.21）：

$$k_p \cdot P_{arc} \cdot dt = dE_{V_{AR}} + dm \cdot e(T_{AR}) + p \cdot dV_{AR} + dm \cdot v^2 / 2 \tag{6.21}$$

比焓和比内能的关系可用式（6.22）表示：

$$h = e + pV / m \tag{6.22}$$

式中：$h$ 为比焓；$e$ 为比内能；$V/m$（$V$ 为气体体积，$m$ 为气体质量）为比容。

将式（6.22）代入式（6.21）可得式（6.23）：

$$k_p \cdot P_{arc} \cdot dt = dE_{V_{AR}} + dm \cdot h(T_{AR}) + dm \cdot v^2 / 2 \tag{6.23}$$

燃弧室中气体内能的改变为：隔室中气体质量改变前后的内能之差。因此，$dE_{V_{AR}}$ 可用式（6.24）描述：

$$dE_{V_{AR}} = E_{V_{AR}}(m_{AR} - dm, \ T_{AR} + dT_{AR}) - E_{V_{AR}}(m_{AR}, \ T_{AR}) \tag{6.24}$$

式（6.24）中第一项为二元函数，可用二元泰勒（Taylor）级数展开，不考虑二阶及其他高阶项的影响，则第一项可写为

$$E_{V_{AR}}(m_{AR} - dm, \ T_{AR} + dT_{AR}) = E_{V_{AR}}(m_{AR}, \ T_{AR}) + dT_{AR} \cdot \frac{\partial E_{V_{AR}}}{\partial T_{AR}} - dm \cdot \frac{\partial E_{V_{AR}}}{\partial m_{AR}} \tag{6.25}$$

根据式（6.11）内能与质量、温度的关系，式（6.25）可化为式（6.26）：

$$E_{V_{AR}}(m_{AR} - dm, \ T_{AR} + dT_{AR})$$
$$= E_{V_{AR}}(m_{AR}, \ T_{AR}) + m_{AR} \cdot c_V(T_{AR}) \cdot dT_{AR} - E_{V_{AR}}(dm, \ T_{AR}) \tag{6.26}$$

将式（6.26）代入式（6.24）可得式（6.27）：

$$dE_{V_{AR}} = m_{AR} \cdot c_V(T_{AR}) \cdot dT_{AR} - E_{V_{AR}}(dm, \ T_{AR}) \tag{6.27}$$

假设燃弧室中的气体流速为 0，根据式（6.12），联合式（6.27）和式（6.23）可得，时间间隔 $dt$ 内，燃弧室中的温度变化如式（6.28）所示：

$$dT_{AR} = \frac{k_p \cdot P_{arc} \cdot dt - dm \cdot [h(T_{AR}) - e(T_{AR})]}{m_{AR} \cdot c_V(T_{AR})} \tag{6.28}$$

根据理想气体状态方程，可获得燃弧室中的压强如式（6.29）所示：

$$p_{AR} + dp_{AR} = \frac{(m_{AR} - dm) \cdot R \cdot (T_{AR} + dT_{AR})}{M_{AR}(T_{AR}) \cdot V_{AR}} \tag{6.29}$$

同理，可获得泄压室中的压强变化如式（6.30）所示：

$$\begin{cases} dT_{RR} = \dfrac{dm \cdot [h(T_{AR}) - e(T_{RR})]}{m_{RR} \cdot c_V(T_{RR})} \\ p_{RR} + dp_{RR} = \dfrac{(m_{RR} + dm) \cdot R \cdot (T_{RR} + dT_{RR})}{M_{RR}(T_{RR}) \cdot V_{RR}} \end{cases} \tag{6.30}$$

由式（6.30）可知，要计算隔室中压强的变化规律，需获得时间间隔 $dt$ 内，从燃弧室中排出的气体质量 $dm$，其可通过式（6.31）计算[49, 169]：

$$dm = \alpha \cdot \rho_o \cdot A \cdot v \cdot dt \tag{6.31}$$

式中：$A$ 为泄压口的等效截面积，其大小与泄压盖尺寸和开启角度有关；$\rho_o$ 和 $v$ 分别为泄压口附近气体的密度和流速；$\alpha$ 为流量系数，其大小与泄压口的形状、摩擦阻力等有关。对于实际开关柜泄压口而言，流量系数可设定为常数，取值范围一般为 $0.59 \sim 1$[71]。文献[170]指出，$\alpha$ 与气体的雷诺数 $Re$ 有关，两者的关系可用式（6.32）进行描述，即气体的流量系数与雷诺数 $Re$ 成正比：

$$\alpha \propto 1 - \frac{const}{\sqrt{Re}} \tag{6.32}$$

式（6.31）中假设泄压口气体的流速是均匀分布的，而该假设仅适用于圆形截面，对于矩形泄压盖而言，当矩形截面的长边长度与短边长度的比值不超过 8 时，可用"等效水力直径"来近似计算泄压口等效面积[171]，具体如式（6.33）所示：

$$A = \pi \cdot \left(\frac{a \cdot b}{a + b}\right)^2 \cdot (1 - \cos\varphi) \tag{6.33}$$

式中：$a$ 和 $b$ 分别为泄压盖的长和宽；$\varphi$ 为泄压盖开启的角度。

假设燃弧室中气体的流速等于或趋于 0（滞止状态）[172]，根据式（6.8）可得到式（6.34）：

$$\frac{\gamma}{\gamma - 1} \frac{p_{AR}}{\rho_{AR}} = \frac{\gamma}{\gamma - 1} \frac{p_o}{\rho_o} + \frac{v^2}{2} \tag{6.34}$$

式中：$p_o$ 为泄压口附近气体的压强。

根据式（6.6）、式（6.31）和式（6.34），可获得单位时间从泄压口排出的气体质量，如式（6.35）所示：

$$\begin{cases} \mathrm{d}m = \alpha \cdot A \cdot \sqrt{2p_{AR}\rho_{AR}} \cdot \psi \cdot \mathrm{d}t \\ \psi = \sqrt{\dfrac{\gamma}{\gamma-1} \cdot \left[ \left(\dfrac{p_o}{p_{AR}}\right)^{\frac{2}{\gamma}} - \left(\dfrac{p_o}{p_{AR}}\right)^{\frac{\gamma+1}{\gamma}} \right]} \end{cases} \quad (6.35)$$

由于泄压口的尺寸固定，出口气体的流速不大于当地声速[172]，泄压口的压强取决于燃弧室的压强 $p_{AR}$ 与泄压室的压强（或环境压强）$p_{RR}$ 的比值，当出口流速达到当地声速临界状态时，$p_{AR}$ 与 $p_{RR}$ 的比值如式（6.36）所示：

$$\left.\frac{p_{AR}}{p_{RR}}\right|_{\mathrm{crit}} = \left(\frac{2}{\gamma+1}\right)^{\gamma/(1-\gamma)} \quad (6.36)$$

泄压口附近的压强 $p_o$ 通过式（6.37）确定：

$$p_o = \begin{cases} p_{AR} \cdot \left(\dfrac{2}{\gamma+1}\right)^{\gamma/(\gamma-1)}, & \dfrac{p_{AR}}{p_{RR}} \geqslant \left.\dfrac{p_{AR}}{p_{RR}}\right|_{\mathrm{crit}} \\ p_{RR}, & \dfrac{p_{AR}}{p_{RR}} < \left.\dfrac{p_{AR}}{p_{RR}}\right|_{\mathrm{crit}} \end{cases} \quad (6.37)$$

即当 $p_{AR}$ 与 $p_{RR}$ 的比值小于临界值时，泄压口气体膨胀，其压强 $p_o$ 将降至泄压室压强（或环境压强）$p_{RR}$；而当 $p_{AR}$ 与 $p_{RR}$ 的比值大于临界值时，泄压口气体流速达到当地声速，$p_o$ 不可能达到 $p_{RR}$。当不存在泄压室时，可假设 $p_{RR}$ 等于环境压强（大气压强）。

## 6.2.3　计算方法与流程

由以上分析可知，为了获得泄压盖开启条件下燃弧室中压强的变化规律，需联合式（6.28）、式（6.29）和式（6.35）进行求解，具体如式（6.38）所示：

$$\begin{cases} \mathrm{d}T_{AR} = \dfrac{k_p \cdot P_{arc} \cdot \mathrm{d}t - \mathrm{d}m \cdot [h(T_{AR}) - e(T_{AR})]}{m_{AR} \cdot c_V(T_{AR})} \\ p_{AR} + \mathrm{d}p_{AR} = \dfrac{(m_{AR} - \mathrm{d}m) \cdot R \cdot (T_{AR} + \mathrm{d}T_{AR})}{M_{AR}(T_{AR}) \cdot V_{AR}} \\ \mathrm{d}m = \alpha \cdot A \cdot \sqrt{2p_{AR}\rho_{AR}} \cdot \psi \cdot \mathrm{d}t \\ \psi = \sqrt{\dfrac{\gamma}{\gamma-1} \cdot \left[ \left(\dfrac{p_o}{p_{AR}}\right)^{\frac{2}{\gamma}} - \left(\dfrac{p_o}{p_{AR}}\right)^{\frac{\gamma+1}{\gamma}} \right]} \end{cases} \quad (6.38)$$

式（6.38）中不考虑泄压盖开启角度的变化，即忽略泄压盖开启的动力学过程，认为：当隔室中的压力达到泄压盖的临界开启压力时，泄压盖瞬间开启至 90°，泄压口的面积等于泄压盖的有效面积。

对上述一阶微分方程的求解，可采用欧拉数值计算方法和龙格-库塔（Runge-Kutta）法，但为了提高求解的精度，采用四阶龙格-库塔法进行求解，具体计算流程如图 6.5 所示。

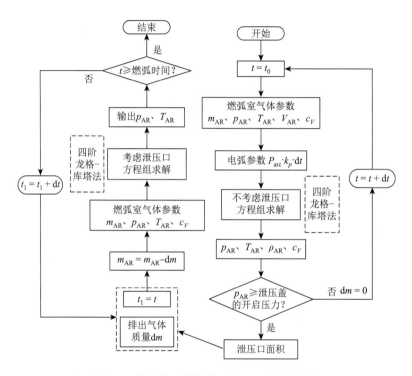

图 6.5　泄压盖开启条件下的 SCM 计算流程

## 6.2.4　SCM 与 CFD 法计算结果对比

为对比 SCM 与提出的 CFD 法获得结果的差异性，采用这两种方法对电缆室泄压盖封闭、完全开启条件下柜门垂直方向的合力（压力）进行计算。同时，利用 SCM 计算时，采用 5.2.2 小节所述方法对泄压盖的开启时刻和开启压力进行计算，分别为 6.7 ms 和 7.9 kN。取燃弧至 20 ms 的结果进行分析，具体如图 6.6 所示。

由图可知，电缆室泄压盖在封闭状态下，采用 SCM 和 CFD 法获得的压力升变化趋势基本一致，差异较小。而当泄压盖开启时，两种方法获得的结果差异较大（用 SCM 获得的柜门压力更大），且随着泄压盖开启数量的增加差异逐渐增大。当燃弧至 20 ms 时，在封闭、开启 1 个和开启 2 个泄压盖条件下，采用 SCM 与 CFD 法获得的压力数值相对误差分别约为 3.0%、24.0% 和 85.3%。这主要是因为 SCM 中假设隔室中的气体流

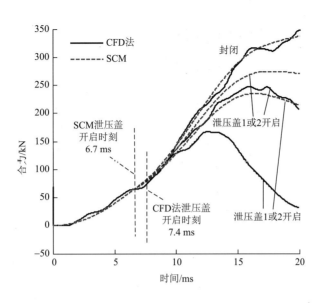

图 6.6　SCM 和 CFD 法柜门压力计算对比

速为 0，导致流出泄压口的气体分子减少，泄压速度较慢。当泄压口面积增大时，隔室中的气体流动加剧。气体的快速流动对压强分布的影响较大，导致隔室内部各位置的压强差异增大，特别是泄压口附近的部位，而电缆室柜门位于泄压通道一侧，其压力随气体的快速排出下降较明显。因此，在泄压盖开启条件下，采用 SCM 获得的隔室压强平均值无法反映空间分布的差异性，导致与 CFD 法的差异较大。同时，封闭条件下，采用 SCM 获得的泄压盖开启时间（6.7 ms）小于 CFD 法（7.4 ms），这同样与 SCM 无法考虑隔室内部压强的局部差异有关。泄压盖距电弧较远，压力波由电弧区域传递至泄压盖附近需要 4 ms 左右，而 SCM 无法反映这一现象，泄压盖从起弧时刻起便开始受力的作用，从而导致采用 SCM 获得的泄压盖开启时间和开启压力均有所减小。综上所述，当考虑隔室内部的平均压强（压力升）变化时，可采用 SCM；而考虑隔室内部压强分布的差异性，如泄压盖开启时隔室内部压强的分布规律时，应采用 CFD 法，与 1.2.1 小节的结论一致。

# 6.3　基于 NSGA-II 的改进泄压通道参数优化设计

## 6.3.1　NSGA-II 相关理论

遗传算法（genetic algorithm，GA）基于达尔文进化论和孟德尔遗传变异理论，是一种模仿生物界自然选择和进化遗传的启发式搜索算法，由美国密歇根大学的霍兰德（Holland）教授提出[173]，其具有应用范围广、全局优化性好、通用性强、并行性高等优

点[174]，被广泛应用于各个领域。其基本原理为[175]：将优化问题模拟为群体的适者生存过程，从任意一个初始种群出发，通过随机选择、交叉和变异操作，实现群体的一代代繁殖和进化，最终收敛到最适应环境的个体，从而求得问题的最优解。

传统 GA 对单个优化目标问题具有较好的适用性，而对多目标优化问题存在较大局限性[176]。泄压通道参数设计属多目标优化问题，各目标之间相互影响、存在矛盾，在所有目标上并非都存在最优解，比如某个解在一个目标上是最优解，但可能在另一个目标上是最差解，而真正的最优解应该是一组非支配解或 Pareto 最优解（Pareto optimal solution）[177]。为了更好地解决多目标优化问题，Srinivas 和 Deb[178]于 1994 年提出了非支配排序遗传算法（non-dominated sorting genetic algorithm，NSGA），该算法具有鲁棒性好、搜索能力强等优势，得到了广泛应用，但其不足之处在于算法复杂度较高，缺少精英策略，同时需要指定共享半径 $\sigma_{\text{share}}$[179]。为克服上述不足，Deb 等[180]对 NSGA 进行了改进，提出了带精英策略的非支配排序遗传算法 NSGA-II，该算法在计算速度与收敛稳定性上均有较大提高。

## 1. 快速非支配排序

通常情况下，对于最小多目标优化问题，可用式（6.39）进行描述[181]：

$$\min f(x) = [f_1(x), f_2(x), \cdots, f_m(x)]$$
$$\text{s.t.} \begin{cases} g_i(x) \leqslant 0, & i = 1, 2, \cdots, n \\ X \subseteq \mathbf{R}^n \end{cases} \tag{6.39}$$

式中：$[f_1(x), f_2(x), \cdots, f_m(x)]$ 为 $m$ 个子目标函数；$\min f(x)$ 表示各子目标均尽可能极小化；$X \subseteq \mathbf{R}^n$ 为决策空间的可行域；$g_i(x)$ 为约束条件。

对于任意两个决策变量 $x_1$、$x_2$，有：

（1）$\forall i \in \{1, 2, \cdots, m\}$，都有 $f_i(x_1) < f_i(x_2)$，则称 $x_1$ 支配 $x_2$。

（2）$\forall i \in \{1, 2, \cdots, m\}$，都有 $f_i(x_1) \leqslant f_i(x_2)$，且 $\exists i \in \{1, 2, \cdots, m\}$，使 $f_i(x_1) < f_i(x_2)$，则称 $x_1$ 弱支配 $x_2$。

（3）若对于任意决策变量 $\tilde{x} \in X$，$\forall i \in \{1, 2, \cdots, m\}$，有 $f_i(x_1) \leqslant f_i(\tilde{x})$，则 $x_1$ 为目标极小化的非支配解或 Pareto 最优解，也称非劣解。

针对传统非支配排序算法存在的问题，NSGA-II 提出了一种快速非支配排序算法，具体实现方法如下。

对于目标函数个数为 $m$、种群规模为 $N$ 的优化问题，种群中的每个个体 $s$ 定义两个参数，种群中支配个体 $s$ 的个体数为 $n_s$，被个体 $s$ 所支配的个体集合为 $S_s$。

（1）找到种群中 $n_s = 0$ 的个体，并保存在集合 $F_1$ 中，$F_1 = F_1 \cup \{s\}$，分层等级 $i_{\text{rank}} = 1$。

（2）对于集合 $F_1$ 中每个个体 $s$ 所支配的集合 $S_s$ 中的每个个体 $q$，将 $q$ 的支配数减 1，即 $n_q = n_q - 1$，若 $n_q = 0$，则将个体 $q$ 存入集合 $F_2$ 中，$F_2 = F_2 \cup \{q\}$，分层等级 $i_{\text{rank}} = 2$。

（3）对于集合 $F_2$ 中每个个体 $q$ 所支配的集合 $S_q$ 中的每个个体 $r$，将 $r$ 的支配数减 1，

即 $n_r = n_r - 1$，若 $n_r = 0$，则将个体 $r$ 存入集合 $F_3$ 中，$F_3 = F_3 \cup \{r\}$，分层等级 $i_{\text{rank}} = 3$。

（4）重复上述步骤，直至所有个体均被分层时结束，从而可生成非支配集合 $F_1, F_2, F_3, \cdots$，其对应的分层等级分别为 1, 2, 3, $\cdots$。

上述迭代中，步骤（1）和步骤（2）的计算复杂度为 $O(N)$，则整个迭代过程的计算复杂度为 $O(N^2)$，所以，快速非支配排序的复杂度为 $O(mN^2)$，而传统的非支配排序的计算复杂度为 $O(mN^3)$[179]，即 NSGA-II 采用的快速非支配排序算法能大大缩短算法的运算时间。

## 2. 拥挤度及比较算子

在 NSGA-II 中，为保证个体的多样性，从而获得均匀分布的 Pareto 最优解，引入了共享函数的小生镜技术[181]，即通过共享函数 $s(d_{ij})$ 来描述个体与个体之间的相似度，$d_{ij}$ 为同一非支配层个体间的欧几里得（Euclid）距离。个体间的相似度越小，共享函数越小；个体间的相似度越大，共享函数也越大。$s(d_{ij})$ 的定义如式（6.40）所示：

$$s(d_{ij}) = \begin{cases} 0, & d_{ij} \geqslant \sigma_{\text{share}} \\ 1 - d_{ij} / \sigma_{\text{share}}, & d_{ij} < \sigma_{\text{share}} \end{cases} \tag{6.40}$$

由上式可知，共享函数与共享半径 $\sigma_{\text{share}}$ 相关，而 $\sigma_{\text{share}}$ 需要人为指定，为解决这一问题，提出了拥挤度的概念[180]。拥挤度表示种群中某个个体周围个体的密度，如图 6.7 所示，个体 $i$ 的拥挤度 $d_i$ 为包含个体 $i$ 但不包含其他个体的最小长方体。采用快速非支配排序分层后，拥挤度的确定方法如下。

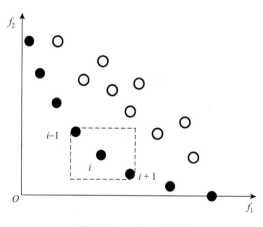

图 6.7　个体的拥挤度

（1）对每一层的非支配集合 $F_i$，其个体数为 $n$，对于每个个体而言，个体的初始化拥挤度为 $I(d_j) = 0$，其中 $j$ 为 $F_i$ 中第 $j$ 个个体。

（2）对于目标函数 $m$，对 $F_i$ 中的个体根据目标函数进行排序，$I = \text{sort}(F_i, m)$，且对于边界上的个体，令其拥挤度为无穷大，即 $I(d_1) = I(d_n) = \infty$。

（3）除了边界点之外，其余个体 $k$（$k = 2, 3, \cdots, n-1$）的拥挤度计算如式（6.41）所示：

$$I(d_k) = I(d_k) + \text{abs}\left[I(k+1) \cdot m - I(k-1) \cdot m\right] / \left(f_m^{\max} - f_m^{\min}\right) \qquad （6.41）$$

式中：$I(k) \cdot m$ 为非支配解中第 $k$ 个个体对于目标函数 $m$ 的值；$f_m^{\max}$ 和 $f_m^{\min}$ 为该层非支配解中，目标函数 $m$ 的最大值和最小值。

当个体根据非支配和拥挤度进行排序后，每个个体均具有非支配排序等级 $i_{\text{rank}}$ 和拥挤度 $I(d_i)$ 两个属性，为了更好地选择个体，维持种群的多样性，定义拥挤度比较算子 $\prec_n$；当 $i_{\text{rank}} < j_{\text{rank}}$，或 $i_{\text{rank}} = j_{\text{rank}}$ 且 $I(d_i) > I(d_j)$ 时，有 $i \prec_n j$，即 $i$ 优于个体 $j$。因此，个体的选择原则为：当个体的非支配排序等级不相同时，等级高（排序号小）的个体被优先选择；当个体的非支配排序等级相同时，拥挤度大（周围不拥挤的个体）的个体被优先选择。上述即为 NSGA-II 中根据拥挤度的个体选择方法。

### 3. NSGA-II 实现流程

NSGA-II 实现流程如图 6.8 所示，具体步骤如下。

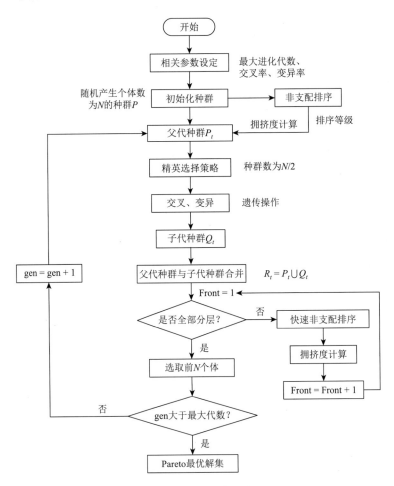

图 6.8　NSGA-II 实现流程

（1）随机产生一个初始种群，快速非支配排序后获得父代种群 $P_t$；通过二元锦标赛选择（tournament selection）法、交叉和变异操作获得子代种群 $Q_t$。

（2）将父代种群与子代种群合并，获得新的种群，$R_t = P_t \cup Q_t$。

（3）对新种群 $R_t$ 进行快速非支配排序，计算拥挤度，根据比较算子获得新的父代种群 $P_{t+1}$，通过二元锦标赛选择法、交叉和变异等操作，生成新的子代种群 $Q_{t+1}$。

（4）重复步骤（2）和步骤（3），直到获得最优解或达到终止条件时，计算结束。

**4. 最优调和解**

获得 Pareto 最优解集后，采用满意度法求解最优调和解。由于追求的是目标最小化，采用偏小型模糊满意度函数，计算方法如式（6.42）所示：

$$\mu_m^k = \frac{f_{m\max} - f_m^k}{f_{m\max} - f_{m\min}}, \quad f_{m\min} \leqslant f_m^k \leqslant f_{m\max} \tag{6.42}$$

式中：$f_m^k$ 为第 $k$ 个非支配解中第 $m$ 个目标函数的值；$f_{m\max}$、$f_{m\min}$ 分别为第 $m$ 个目标函数的最大值与最小值。

非支配解的标准满意度 $\mu^k$ 通过式（6.43）计算，取最大值时对应的非支配解为调和解：

$$\mu^k = \frac{\sum_{m=1}^{M} \mu_m^k}{\sum_{k=1}^{N}\sum_{m=1}^{M} \mu_m^k} \tag{6.43}$$

式中：$\mu_m^k$ 为第 $k$ 个非支配解中第 $m$ 个目标函数的满意度；$M$ 和 $N$ 分别为目标函数和非支配解的个数；$\mu^k$ 为第 $k$ 个非支配解的标准满意度。

## 6.3.2　改进泄压通道参数优化设计

SCM 虽然无法反映隔室内部压强（压力升）的空间分布，但可以反映隔室整体的压强变化，且计算量远小于 CFD 法。为提高优化效率，本小节采用 SCM 对隔室、缓冲室和引弧通道的平均压力升进行计算，并结合 NSGA-II 算法对相关尺寸参数进行优化，获得泄压口、缓冲室、引弧通道等位置的最优参数，根据获取的相关参数，采用提出的 CFD 法对泄压通道设计的有效性进行验证。

对于图 6.2 所示泄压通道的设计，一方面要保证各隔室柜门/隔板所受的冲击效应尽可能小，同时考虑到泄压通道的成本问题，缓冲室和引弧通道的设计尺寸不宜过大。因为柜门/隔板所受冲击效应除与压力大小有关外，还与作用时间有关，所以采用柜门/隔板所受压力峰值和冲量大小来衡量内部短路燃弧所引起超压的影响。需要优化的目标包括隔室柜门/隔板所受垂直方向的压力峰值、垂直方向的冲量大小，以及缓冲室、引弧通道的体积。这三个目标之间可能存在矛盾，属于最小多目标优化问题，因此采用 NSGA-II

算法进行求解。以电缆室为例，确定的多目标优化函数如式（6.44）所示：

$$\min f = \left[ \max(F_{gm}),\ I_{gm},\ V+V_1 \right] \tag{6.44}$$

根据现有泄压通道以及外加缓冲室、引弧通道，得到需要优化的变量包括泄压盖面积、缓冲室高度和缓冲室泄压口面积等，确定该问题的约束条件如式（6.45）所示：

$$\text{s.t.} \begin{cases} V = S_2 \times l,\ l = 1.6 \\ V_1 = S_3 \times l_1,\ l_1 = 1.5 \\ S_{i\min} \leqslant S_i \leqslant S_{i\max},\ i = 1, 2, 3 \\ S_i = a_i \times b_i \\ a_{i\min} \leqslant a_i \leqslant a_{i\max},\ b_{i\min} \leqslant b_i \leqslant b_{i\max} \end{cases} \tag{6.45}$$

式（6.45）中各参数如图 6.9 所示，其中，$I_{gm}$ 为燃弧期间电缆室柜门所受垂直方向的冲量大小，$F_{gm}$ 为隔室柜门所受垂直方向压力的峰值，$V$ 和 $V_1$ 分别为缓冲室和引弧通道（泄压通道）的体积，$S_1$、$S_2$、$S_3$ 分别为电缆室泄压盖、缓冲室截面以及缓冲室泄压口的面积，$a_i$ 和 $b_i$ 分别为对应截面的长和宽。缓冲室截面宽度 $a_2$ 取并柜柜体的宽度 1.6 m；$l$ 为缓冲室的长度，考虑到断路器室泄压盖翻转时需占据一部分空间，该长度取值 1.6 m。因为引弧通道需延伸至墙体外部，而开关柜后柜门与墙体的距离一般不超过 1.5 m，所以引弧通道的长度 $l_1$ 取 1.5 m。外延部分的体积较小，分析过程中不予考虑，且忽略防雨帽对气流的阻挡作用。雨水、污秽收集部位采用金属网格制作而成，开口面积较小，对压强的影响较小，计算过程中忽略不计。加装缓冲室和引弧通道后，可通过减小尼龙螺栓的强度来降低各隔室泄压盖的开启压力。假设电缆室、断路器室和母线室泄压盖的开启压力均减小为原来的 1/2 左右，分别为 5.0 kN、7.0 kN 和 16.0 kN。改为铰链式后，认为泄压盖均能完全开启，不需要考虑不同开启角度的影响。

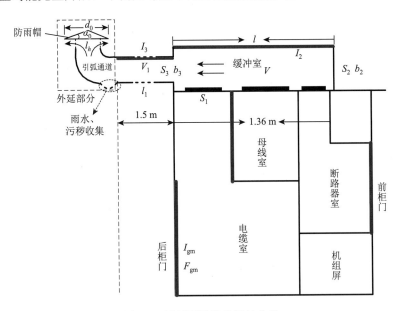

图 6.9　泄压通道优化设计参数

其他隔室的优化目标、约束条件与电缆室基本一致，仅泄压盖的参数范围有所差异（需根据各隔室顶部的实际尺寸来确定），电缆室泄压盖的最大长度 $a_1$ 和宽度 $b_1$ 分别可取至 0.68 m 和 0.4 m，最小尺寸均设为 0.1 m。根据实际柜体参数，确定优化变量的取值范围如表 6.1 所示。其中，缓冲室的高度 $b_2$ 应大于泄压盖的宽度 $b_1$，且要小于柜体顶部与建筑物之间的距离。综合考虑实际情况，缓冲室的高度 $b_2$ 取值范围定为 0.45~0.8 m。引弧通道的截面高度 $b_3$ 应小于缓冲室的高度 $b_2$，同时为了保证泄压效果，其体积不宜过小，其截面长度最小值取 0.4 m。

表 6.1　优化变量取值范围　　　　　　（单位：m）

| 项目 | 变量 | | | | |
| --- | --- | --- | --- | --- | --- |
| | $a_1$ | $b_1$ | $b_2$ | $a_3$ | $b_3$ |
| 电缆室 | [0.1, 0.68] | [0.1, 0.4] | [0.45, 0.8] | [0.4, 1.5] | [0.4, $b_2$] |
| 断路器室 | [0.1, 0.68] | [0.1, 0.24] | [0.45, 0.8] | [0.4, 1.5] | [0.4, $b_2$] |
| 母线室 | [0.1, 0.68] | [0.1, 0.4] | [0.45, 0.8] | [0.4, 1.5] | [0.4, $b_2$] |

根据上述优化目标和变量取值，结合隔室实际燃弧参数，确定种群规模为 200，最大迭代数为 1000，电缆室和断路器室目标平均值随迭代次数的变化曲线分别如图 6.10 和图 6.11 所示，由图可知，迭代至 100 代左右时各目标的平均值基本达到稳定状态。

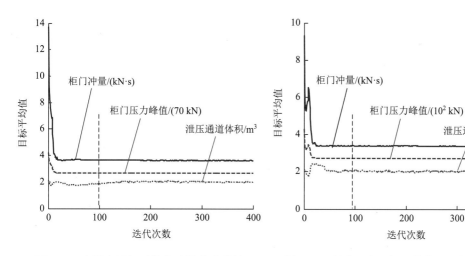

图 6.10　电缆室目标平均值随迭代次数的　　图 6.11　断路器室目标平均值随迭代次数的
　　　　　变化曲线　　　　　　　　　　　　　　　变化曲线

电缆室和断路器室的三目标 Pareto 最优解散点图分别如图 6.12 和图 6.13 所示。由 Pareto 解集分布可知，电缆室、断路器室的柜门压力峰值和冲量随泄压通道体积的增大而减小。电缆室柜门所受压力峰值的变化范围为 186.0~186.4 kN，柜门冲量的变化范围为 3.3~4.1 kN·s，泄压通道体积的变化范围为 1.392~3.848 m³。断路器室柜门压力峰值的变化范围为 270.73～270.82 kN，柜门冲量的变化范围为 3.36～3.45 kN·s，泄压通道体积的变化范围为 1.392～3.848 m³。由各目标对应的变化范围可以看出：泄压通道体积、柜门冲量的变化幅度大于柜门压力峰值的变化幅度，压力峰值仅变化 0.03%左右，即压力峰值对各参量变化的灵敏度极低。母线室的优化结果与电缆室、断路器室类似，此处不再赘述。进一步分析 3 个隔室的 Pareto 解集分布发现：泄压盖的尺寸均为可设计的最大参数，说明对于开关柜而言，为提高泄压效果，应尽可能地增大泄压口面积。各隔室的泄压盖均取最大尺寸，说明泄压盖的开启时刻均保持不变（通过计算得到电缆室、断路器室和母线室泄压盖的开启时刻分别约为 5.30 ms、2.57 ms、2.05 ms），使泄压通道的参数在表 6.1 设定的范围内变化时，对柜门压力峰值的影响较小。

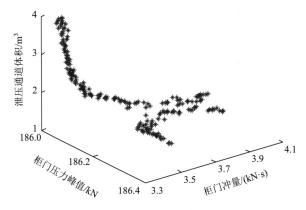

图 6.12　电缆室三目标 Pareto 最优解散点图

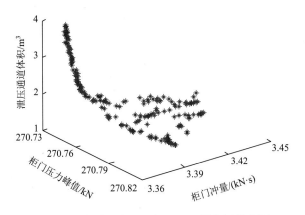

图 6.13　断路器室三目标 Pareto 最优解散点图

各隔室优化结果中，泄压通道体积的最大值接近最小值的 3 倍，而电缆室柜门冲量的最大值仅为最小值的 1.03 倍左右，断路器室柜门和母线室隔板冲量的最大值和最小值仅相差 2%左右，表明：柜门冲量对各参量变化的灵敏度较低，而泄压通道体积对各参量变化的灵敏度较高；且随着泄压通道的体积增大，柜门冲量与压力峰值下降的幅度均逐渐减小。因此，兼顾成本和泄压效率，最优解的选择可采用以下两种方案：方案一，使泄压通道体积最小（成本最低）对应的参量；方案二，择优挑选 100 个非支配解，采用模糊满意度求取调和解。不同方案下各隔室变量的取值如表 6.2 所示。由于通过 3 个隔室优化结果获得的调和解并不相同，为满足各隔室的泄压要求，取 3 个隔室获得的泄压通道尺寸的较大值作为最终的取值，即缓冲室的高度为 0.60 m，引弧通道截面的长和宽分别为 0.95 m 和 0.60 m。

表 6.2　不同方案优化变量取值及目标函数结果

| 方案 | 项目 | 变量 | | | | | 泄压通道体积/m³ | 冲量/(N·s) | 压力峰值/kN |
|---|---|---|---|---|---|---|---|---|---|
| | | $a_1$/m | $b_1$/m | $b_2$/m | $a_3$/m | $b_3$/m | | | |
| 方案一 | 电缆室 | 0.68 | 0.40 | | | | 1.392 | 4061 | 186.14 |
| | 断路器室 | 0.68 | 0.24 | 0.45 | 0.40 | 0.40 | 1.392 | 3440 | 270.77 |
| | 母线室 | 0.68 | 0.40 | | | | 1.392 | 2437 | 398.23 |
| 方案二 | 电缆室 | 0.68 | 0.40 | 0.56 | 0.64 | 0.55 | 1.961 | 3473 | 186.06 |
| | 断路器室 | 0.68 | 0.24 | 0.60 | 0.70 | 0.60 | 2.166 | 3373 | 270.75 |
| | 母线室 | 0.68 | 0.40 | 0.47 | 0.95 | 0.45 | 1.844 | 2398 | 398.23 |
| | 调和解 | | | 0.60 | 0.95 | 0.60 | 2.391 | — | — |

由表 6.2 可以看出，以泄压通道体积最小（方案一）为目标时，三个隔室通过优化获得的泄压通道参数完全一致，根据该参数计算得到电缆室、断路器室柜门和母线室隔板所受平均冲量分别为 4061 N·s、3440 N·s 和 2437 N·s。而原泄压通道正常开启（90°）时，利用 SCM 获得电缆室、断路器室柜门和母线室隔板的平均冲量分别约为 11393 N·s、5867 N·s 和 4394 N·s。可见加装泄压通道后，由于泄压盖的面积增加、开启时间缩短，柜门和隔板所受的平均冲量、压力峰值均小于原设计方案，且随着泄压通道体积的增大，平均冲量均有所下降。上述结果表明：泄压通道尺寸参数的优化效果较好，采用方案一和方案二均可满足要求。

## 6.4　改进泄压通道泄压效率分析

虽然上述采用 SCM 通过相对比较可获得泄压通道优化设计结果，但计算得到的数值大小只能反映隔室整体压力升平均值的变化情况，无法反映实际具体的泄压效果，且 SCM 未考虑外延部分的影响，可能存在一定的误差，因此，需采用提出的 CFD 法对各方案的泄压效果进行进一步验证。以电缆室为例，根据表 6.2 所示参数设计泄压通道。有关防雨帽的设计目前并无相关规范，为提高防雨帽的防雨效果，同时减小其对气流的阻挡作用，防雨帽的挑出长度均取引弧通道截面宽度的 1/2 左右，倾斜角度 $\alpha_0$ 约为 30°，其下沿与引弧通道出口的垂直距离 $l_h$ 为 0.2 m 或 0.3 m。计算过程中，为了减少计算量，缓冲室及引弧通道规则区域采用结构化网格剖分，电缆室采用非结构化网格剖分。取缓冲室和泄压通道截面的压强分布进行分析，图 6.14 为采用方案一获得的压强（压力升）分布，其中 $d_0$ = 0.8 m，$l_h$ = 0.2 m。

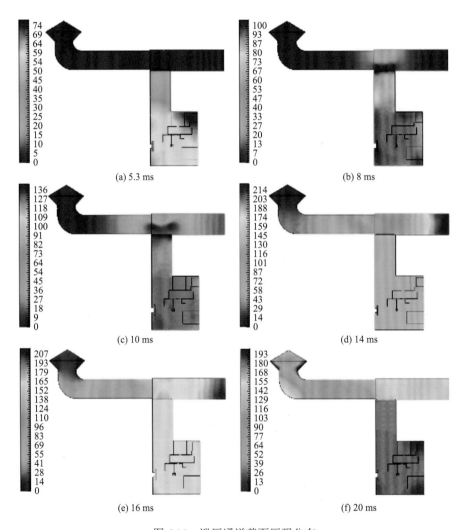

(a) 5.3 ms

(b) 8 ms

(c) 10 ms

(d) 14 ms

(e) 16 ms

(f) 20 ms

图 6.14　泄压通道截面压强分布

由图可知，泄压盖开启后，燃弧室中的高温高压气体进入缓冲室和引弧通道，缓冲室中的压强逐渐增大，压强峰值主要位于缓冲室的顶部 [图 6.14（b）和（c）]。当燃弧至 8 ms 左右时，燃弧室中的压强幅值基本一致，各位置的压强差异较小；当燃弧至 14 ms 左右时，由于进入缓冲室的气体分子数不断增加，其压强峰值超过了燃弧室，最大值位于缓冲室的后方位置。随着燃弧时间进一步增加，缓冲室中的压强也逐渐趋于均匀分布 [图 6.14（f）]，但压强峰值在缓冲室和燃弧室中交替出现，这主要是因为缓冲室后方与电弧的距离较远，压力波的反射与叠加效应影响较大。引弧通道的压强增大幅度较小，当缓冲室中的压强较大时，引弧通道中的压强才有明显增大，但幅值小于缓冲室和燃弧室，这主要与引弧通道的体积较小且距泄压口较近有关。

从图 6.14 中还可以看出，燃弧室中的压强出现了先增大后减小再增大的变化过程；泄压盖开启后，燃弧室中的压强相比封闭条件下并未立即减小，而是出现了小幅度的增大，该现象与 5.3 节泄压盖开启后隔室的压强变化类似，这主要是因为泄压盖开启前附近的气体流速较小，泄压盖开启短时间内（惯性）流出的气体分子数较少。随着燃弧室中的气体大量进入缓冲室，缓冲室中的压强逐渐增大，而燃弧室的压强峰值有所减小；当缓冲室中的压强接近燃弧室的压强时，燃弧室中的压强又逐渐增大，但最终呈下降趋势。可见该泄压通道的泄压速度要略低于隔室压强的增大速度，即与原设计方案相比，缓冲室和引弧通道的存在对气流具有一定的阻挡作用。

为对比分析两种方案下泄压通道的泄压效率，仍取柜门垂直方向的受力进行分析，并和原设计方案泄压盖开启不同角度的泄压情况进行对比，泄压通道的泄压效果如图 6.15 所示。采用方案一和方案二进行优化后，柜门的压力随燃弧时间的增加均有下降趋势，考虑到隔室内部的压强会随着气体的释放进一步下降，为减少计算量，此处仅对燃弧 30 ms 的结果进行分析。由图可知，方案一中，当防雨帽的高度 $l_h$ 分别为 0.2 m 和 0.3 m 时，获得的柜门压力变化基本一致，说明防雨帽的高度对计算结果的影响较小，为提高防雨效果，$l_h$ 可选择 0.2 m。

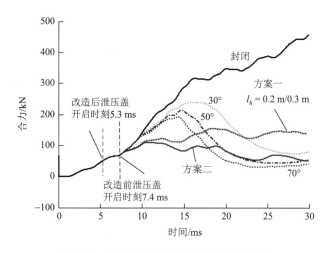

图 6.15　泄压通道改进前后泄压效果对比

采用方案一和方案二进行改进后，泄压盖的开启时间均由原来的 7.4 ms 缩短至 5.3 ms，这主要与泄压盖的开启压力减小且受力面积增大有关。泄压盖开启后，柜门压力在短时间（响应时间 2 ms 左右）内与封闭条件下相同，随后迅速减小。燃弧室中气体进入缓冲室的短时间（3 ms 左右）内，方案一和方案二获得的柜门压力基本一致，主要是因为该阶段缓冲室中的压强较小，对气流的阻挡作用相对较小，使得缓冲室体积的改变（方案一和方案二）对燃弧室的泄压效果影响不大。随着燃弧时间的增加（约 18 ms），缓冲室中的压强大幅度增大后，柜门压力与原设计方案（开启角度大于 50°情况下）相比，压力有所增大。分析认为：加装缓冲室和引弧通道后，在气体进入初期，其对气流的阻挡作用较小，所以两种方案获得的柜门压力下降程度与原设计方案类似；而当缓冲室中的压强增大到较大值后，其对气流的阻挡作用增强，使得柜门的压力有所增大。但柜门的压力峰值仍远小于原设计方案泄压盖开启 90°时的数值。方案一中，当燃弧至 18 ms 左右时，柜门压力达到峰值，约为 153 kN，随后压力峰值有所减小，但减小速率较慢；方案二中，当燃弧至 10 ms 左右时，柜门压力达到峰值，约为 109 kN，随后压力逐渐减小。而原设计方案泄压盖开启 90°时，柜门的压力峰值为 167 kN 左右。与原设计方案相比，采用方案一、方案二进行优化后，柜门的压力峰值分别减小了约 8%和 34%。同时，采用方案二获得的柜门压力峰值较方案一减小了 28%左右，且方案二中柜门压力的下降速率更快，说明方案二的泄压效果更好。

采用 5.3.1 小节中的方法对改进前后泄压通道的泄压效率进行计算，获得不同情况下，泄压效率随燃弧时间的变化规律如图 6.16 所示。由图可知，改进前后泄压通道的泄压效率均随燃弧时间的增加而增大，且增大速率逐渐减小，与前述分析一致。对泄压通道进行改进后，泄压效率的数值和增长速率在短时间内均远高于原设计方案，但随着燃弧时间的增加，泄压效率增长的速率明显减小，且小于原设计方案，分析认为：随着缓冲室中压强的增大，其对气流的阻碍效应增强，导致泄压效率有所下降。方案一中，泄压通道的泄压效率在前 20 ms 高于原设计方案泄压盖开启 70°时的值，燃弧时间超过 20 ms 后，泄压效率低于原设计方案泄压盖开启 70°和 50°的值，但仍高于原设计方案泄压盖开启 30°的值。如燃弧至 30 ms 时，方案一获得的泄压通道泄压效率约为 57%，而原设计方案泄压盖开启 30°、50°和 70°对应的泄压效率分别为 51%、64%和71%，与原设计方案泄压盖开启 30°时相比，泄压效率提高了约 11.8%。与此同时，采用方案一获得的柜门压力峰值 153 kN 远小于原设计方案泄压盖开启 30°时的 238 kN，且对于电缆室而言，原设计方案泄压盖开启角度达到 30°时即可保证柜体的安全。因此，方案一可以满足泄压要求，并确保柜体安全。

方案二中，泄压通道的泄压效率在前 30 ms 始终高于原设计方案泄压盖开启 70°时的值，虽然随着燃弧时间的增加，泄压效率增大速率与原设计方案相比有所减小，但仍远高于原设计方案泄压盖开启 50°和 30°时的值。当燃弧至 30 ms 时，采用方案二获得的泄压通道泄压效率约为 72%，与原设计方案泄压盖开启 50°时相比，泄压效率提高了约12.5%。同时，由图 6.15 可以看出，方案二中柜门压力峰值远小于原设计方案，且燃弧至 20 ms 后，柜门压力下降速率与原设计方案泄压盖开启 50°和 70°时类似。因此，方案二可以满足泄压要求，且优于原设计方案泄压盖开启 50°和 70°时的泄压效果。

综上所述，方案一与方案二均满足泄压要求，但方案一的泄压速率较慢，柜门压力维持在较大值的时间较长，而方案二泄压速率较快，泄压效果与原设计方案泄压盖开启

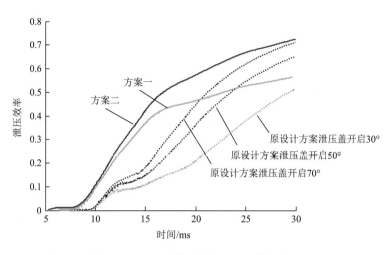

图 6.16　泄压通道改进前后泄压效率对比

70°时相当。与方案一相比，方案二中泄压通道的体积约增大 72%，但柜门压力峰值仅减小 28%左右，泄压效率（燃弧至 30 ms）仅增大 26%左右，可见：泄压通道的体积对各参数的灵敏度高于柜门压力峰值与柜门冲量，与 6.3.2 小节的结论一致。因此，采用 SCM，并结合 NSGA-II 算法的泄压通道优化效果较好。

综合考虑泄压效果与设计成本，推荐采用方案二对泄压通道进行优化。同时，考虑到计算过程中忽略了泄压盖的折叠翻转动作时间（动作过程），认为泄压盖开启便达到相应的开启角度，使得原泄压通道的实际泄压效率会略低于计算值。因此，利用方案二进行改进后，泄压通道的泄压效率与原设计方案泄压盖开启 90°时的泄压效率接近，证明了该方案的有效性。

由上述分析可知，改进后的泄压通道泄压效率与原设计方案类似，但泄压盖的开启时刻明显提前，完全开启的时间可忽略不计，同时，柜门所受压力峰值大幅度下降。因此，可最大限度降低短路燃弧瞬时冲击力对柜门的破坏作用，且其能将高温气流有效地引导至建筑物外部，从而降低高温高压气流对建筑物、周围设备和工作人员的影响。泄压通道改进后，其他隔室获得的泄压效果与电缆室类似，在此不一一列出。通过仿真计算发现，电弧能量有所偏差（如增大至原设计方案的 1.2 倍或缩小至原设计方案的 4/5）时，改进的泄压通道仍可满足泄压要求，说明本章提出的泄压通道改进方法实现了泄压通道与柜门的最优压力配合，可推广至其他类型的高压空气绝缘开关柜。

# 6.5　本 章 小 结

本章对现有泄压通道的不足之处进行了分析，据此提出了泄压通道的改进方法；推导了考虑泄压口的压力升 SCM，并对 SCM 与提出的 CFD 法进行了对比；利用 NSGA-II

算法对泄压通道的相关参数进行了优化，并通过仿真计算对改进泄压通道的可行性进行了验证，获得了如下结论。

（1）现有泄压通道的不足之处主要表现在：翻转式泄压盖的开启阻力较大，容易出现延时开启、翻转不到位等故障情况；对高温高压气流无有效引导，易对周边设备和建筑物造成影响。

（2）封闭条件下，采用 SCM 获得的平均压力升结果与 CFD 法差异较小；而泄压盖开启条件下，由于隔室内部的压强（压力升）分布差异较大，采用 SCM 获得的结果误差较大，且随着泄压口面积的增大误差逐渐增大。因此，在考虑隔室内部压力升的空间分布规律时（如泄压盖开启条件下），应采用提出的 CFD 法进行求解。

（3）根据开关柜泄压通道存在的不足，提出了在柜体顶部加装缓冲室和引弧通道的泄压通道改进方法；利用 NSGA-II 法，结合考虑泄压口的 SCM 推导，对改进泄压通道的相关参数进行了优化设计，提出了两种泄压通道优化方案，通过对两种方案进行对比，获得缓冲室和引弧通道的最优设计体积约为 2.391 m³。改进后，泄压盖的开启时刻由原来的 7.4 ms 缩短至 5.3 ms，通过 CFD 法计算得到改进泄压通道的泄压效率达 72%，与原设计方案的泄压效率接近，且柜门所受的压力峰值减小约 34%，满足泄压要求，证明了该改进方案的有效性，实现了改进泄压通道与柜门的最优压力配合，研究结论可推广至其他电压等级的高压开关柜。

# 第7章

## 金属网格能量吸收器热-力效应防护效果分析

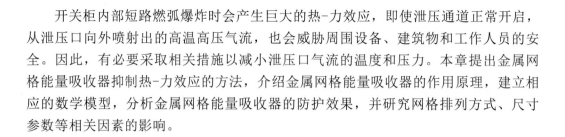

　　开关柜内部短路燃弧爆炸时会产生巨大的热-力效应，即使泄压通道正常开启，从泄压口向外喷射出的高温高压气流，也会威胁周围设备、建筑物和工作人员的安全。因此，有必要采取相关措施以减小泄压口气流的温度和压力。本章提出金属网格能量吸收器抑制热-力效应的方法，介绍金属网格能量吸收器的作用原理，建立相应的数学模型，分析金属网格能量吸收器的防护效果，并研究网格排列方式、尺寸参数等相关因素的影响。

## 7.1　金属网格能量吸收器作用原理

　　金属网格能量吸收器为一种由多孔板材组成的过滤器，是限制开关柜内部短路燃弧热-力效应的方法之一。当燃弧产生的高温高速气流通过时，金属网格能量吸收器可冷却热气流，并产生流体阻力，从而降低泄压口处气流的温度及速度。金属网格能量吸收器的作用原理如图 7.1 所示，引起热-力效应降低的两大根本原因为能量吸收与流动阻力。其中，能量吸收是指炙热气体流经金属网格能量吸收器时，部分热量通过热传导传递给金属网格，产生热量损失，从而降低金属网格能量吸收器后方气体的能量与温度；流动阻力是指气体流经金属网格能量吸收器时，能量吸收器内部网格与空气的摩擦力会对高速气流产生阻碍效果，从而导致能量吸收器后方的气流速度下降。

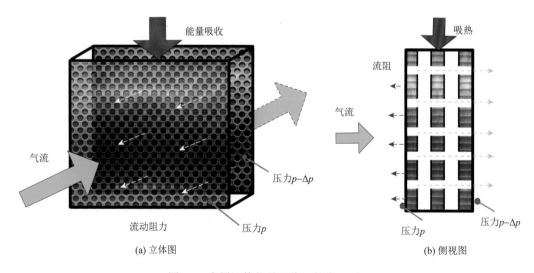

图 7.1　金属网格能量吸收器的作用原理

　　金属网格能量吸收器内部结构精细且复杂，直接精确建模进行计算会导致计算量过大，从而增加计算成本。因此，基于管束换热理论[182]，提出了金属网格能量吸收器的等效建模方法，包括能量吸收模型与流动阻力模型。

## 7.2　金属网格能量吸收器建模方法

### 7.2.1　能量吸收模型

金属网格能量吸收器类似于管束换热器中的管束，基于热交换器理论中流体和管束之间的传热率构建热能吸收模型[182]，金属网格所吸收的总热量 $Q$ 如式（7.1）所示：

$$Q = h_\alpha \cdot S_A \cdot (T_F - T_A) \tag{7.1}$$

式中：$h_\alpha$ 为空气与金属网格能量吸收器之间的传热系数；$S_A$ 为金属网格能量吸收器的表面积；$T_F$ 为金属网格能量吸收器前方气体的温度；$T_A$ 为金属网格能量吸收器的温度。其中，金属网格能量吸收器的传热系数 $h_\alpha$ 可通过式（7.2）计算得到：

$$h_\alpha = Nu \cdot \lambda / L \tag{7.2}$$

式中：$\lambda$ 为空气的热导率；$L$ 为金属网格能量吸收器的特征长度（圆柱形管金属网格能量吸收器的特征长度为 $\pi r$；宽为 $w$、高为 $h$ 的矩形管金属网格能量吸收器的特征长度为 $w + h$）；努塞尔数 $Nu$ 由式（7.3）计算得到：

$$Nu = \frac{1 + (N_A - 1) \cdot f_{AF}}{N_A} \cdot Nu(L, 0) \cdot K \tag{7.3}$$

式中：$N_A$ 为组成能量吸收器金属网格的层数；$f_{AF}$ 为排列因子，其取决于金属网格的排列方式；$K$ 为温度依赖系数；$Nu(L, 0)$ 为特征努塞尔数，可通过式（7.4）计算得到：

$$Nu(L, 0) = 0.3 + \sqrt{Nu_{lam}^2 + Nu_{turb}^2} \tag{7.4}$$

式中：$Nu_{lam}$ 和 $Nu_{turb}$ 分别为层流和湍流努塞尔数，计算方法如式（7.5）和式（7.6）所示：

$$Nu_{lam} = 0.664 \cdot \sqrt{Re_\varphi} \cdot \sqrt[3]{Pr} \tag{7.5}$$

$$Nu_{turb} = \frac{0.037 \cdot Re_\varphi^{0.8} \cdot Pr}{1 + 2.443 \cdot Re_\varphi^{-0.1} \cdot (Pr^{2/3} - 1)} \tag{7.6}$$

式中：$Re_\varphi$ 是具有特征速度 $v_\varphi$ 的雷诺数；$Pr$ 为普朗特数，具体可分别通过式（7.7）和式（7.8）计算得到：

$$Re_\varphi = \frac{\rho \cdot v_\varphi \cdot L}{\eta} \quad (10 < Re_\varphi < 10^6) \tag{7.7}$$

$$Pr = \frac{\eta \cdot c_p}{\lambda} \quad (0.6 < Pr < 10^3) \tag{7.8}$$

式中：$\rho$ 为气体的平均密度；$\eta$ 为气体的平均动力黏度；$c_p$ 为气体的比定压热容；$\lambda$ 为气

体的平均热导率；$v_\varphi$ 为金属网格能量吸收器中的特征速度，由金属网格能量吸收器前面的气体流速 $v$ 和孔隙率 $\varphi$ 确定，具体见式（7.9）和式（7.10）：

$$v_\varphi = \frac{v}{\varphi} \tag{7.9}$$

$$\varphi = \begin{cases} 1 - \dfrac{\pi}{4 \times a}, & b \geqslant 1 \\ 1 - \dfrac{\pi}{4 \times a \times b}, & b < 1 \end{cases} \tag{7.10}$$

式中：$a$ 和 $b$ 分别为金属网格能量吸收器的横、纵节距比，具体如图 7.2 所示。

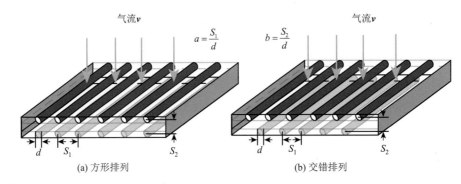

图 7.2　方形排列与交错排列示意图

金属网格能量吸收器不同的排列方式存在不同的排列因子，方形排列因子 $f_{\mathrm{AF,in}}$ 和交错排列因子 $f_{\mathrm{AF,st}}$ 的计算方法如式（7.11）和式（7.12）所示：

$$f_{\mathrm{AF,in}} = 1 + \frac{0.7}{\varphi^{1.5}} \cdot \frac{\dfrac{b}{a} - 0.3}{\left(\dfrac{b}{a} + 0.7\right)^2} \tag{7.11}$$

$$f_{\mathrm{AF,st}} = 1 + \frac{2}{3b} \tag{7.12}$$

## 7.2.2　流动阻力模型

流动阻力模型基于流体域中压力的损失构建，可采用管束法实现[182-183]。气流经过金属网格能量吸收器时，图 7.2 中方形排列和交错排列的压力损失 $\Delta p$ 计算方法如式（7.13）所示：

$$\Delta p = \xi_{\mathrm{T}} \cdot N_{\mathrm{A}} \cdot \frac{\rho \cdot v_{\mathrm{e}}^2}{2} \tag{7.13}$$

式中：$\xi_T$ 为金属网格能量吸收器的压力损失系数；$N_A$ 为金属网格层数；$v_e$ 为最窄截面处气体流速，其计算方法如式（7.14）所示：

$$v_e = \frac{a}{a-1} \cdot v \tag{7.14}$$

方形排列压力损失系数 $\xi_{T,in}$ 和交错排列压力损失系数 $\xi_{T,st}$ 均用层流分量、湍流分量和修正因子表示，修正因子考虑了气体的温度依赖性和金属网格数量的影响，其计算方法如式（7.15）和式（7.16）所示[71]：

$$\xi_{T,in} = \xi_{lam} \cdot f_{zn,lam} + \left( \xi_{turb} \cdot f_{z,turb} + f_{n,turb} \right) \cdot \left( 1 - e^{-\frac{Re_e + 1000}{2000}} \right) \tag{7.15}$$

$$\xi_{T,st} = \xi_{lam} \cdot f_{zn,lam} + \left( \xi_{turb} \cdot f_{z,turb} + f_{n,turb} \right) \cdot \left( 1 - e^{-\frac{Re_e + 200}{1000}} \right) \tag{7.16}$$

式中：$\xi_{lam}$ 和 $\xi_{turb}$ 分别为层流和湍流的压力损失系数；$f_{zn,lam}$ 为层流修正因子；$f_{z,turb}$ 和 $f_{n,turb}$ 为湍流修正因子，其与气流温度和金属网格层数有关；$Re_e$ 是具有特征速度 $v_e$ 的雷诺数。

对方形排列网孔和交错排列网孔而言，其层流压力损失系数 $\xi_{lam}$ 相同，可采用式（7.17）计算：

$$\xi_{lam} = \frac{280\pi \left[ (b^{0.5} - 0.6)^2 + 0.75 \right]}{(4ab - \pi) \cdot a^{1.6}} \cdot \frac{1}{Re_e} \tag{7.17}$$

湍流条件下，方形排列和交错排列网孔的压力损失系数 $\xi_{turb}$ 不同。方形排列时，如式（7.18）所示：

$$\xi_{turb,in} = \frac{\left[ 0.22 + 1.2 \cdot \frac{\left( 1 - \frac{0.94}{b} \right)^{0.6}}{(a-0.85)^{1.3}} \right] \cdot 10^{0.47\left(\frac{b}{a}-1.5\right)} + 0.03(a-1)(b-1)}{Re_e^{\,0.1\left(\frac{b}{a}\right)}} \tag{7.18}$$

交错排列时，如式（7.19）所示：

$$\xi_{turb,st} = \frac{2.5 + \frac{1.2}{(a-0.85)^{1.08}} + 0.4\left(\frac{b}{a}-1\right)^3 - 0.01\left(\frac{a}{b}-1\right)^3}{Re_e^{0.25}} \tag{7.19}$$

两种排列方式的修正因子 $f_{zn,lam}$、$f_{z,turb}$、$f_{n,turb}$ 相同，可采用式（7.20）~式（7.22）计算：

$$f_{zn,lam} = \left( \frac{\eta_A}{\eta} \right)^{\frac{0.57\left(\frac{N_A}{10}\right)^{0.25}}{\left[ \left(\frac{4ab}{\pi}-1\right) \cdot Re_e \right]^{0.25}}} \tag{7.20}$$

$$f_{z,turb} = \left(\frac{\eta_A}{\eta}\right)^{0.14} \tag{7.21}$$

$$f_{n,turb} = \frac{1}{a^2} \cdot \left(\frac{1}{N_A} - \frac{1}{10}\right) \tag{7.22}$$

式中：$\eta_A$ 和 $\eta$ 分别为金属网格能量吸收器温度和气体平均温度所对应的动力黏度。

### 7.2.3 具体实现方法

求解金属网格能量吸收器的能量吸收与流动阻力的方法为：在相应守恒方程中添加能量损失和动量损失源项。具体计算方法如下。

#### 1. 能量吸收模型

金属网格能量吸收器的能量吸收可等效为气流在金属网格能量吸收器区域的能量损失，可在能量守恒方程中添加损失源项 $S_h$，如式（7.23）所示：

$$\int S_h \cdot dV = -\frac{\Delta Q}{V_A \cdot \Delta t} \cdot V \tag{7.23}$$

式中：$\Delta Q$ 为各时间步所吸收的总热量；$V_A$ 为金属网格能量吸收器的总体积；$V$ 为通过金属网格能量吸收器的气体体积；负号代表能量的损失。

#### 2. 流动阻力模型

流动阻力体现在摩擦力 $F_F$ 对金属网格能量吸收器区域流体造成的压力损失 $\Delta p$，$F_F$ 的计算方法如式（7.24）所示：

$$F_F = \int_0^{A_A} \Delta p \cdot dA = \Delta p \cdot A_A \tag{7.24}$$

式中：$A_A$ 为金属网格能量吸收器的表面积；$A$ 为通过金属网格能量吸收器的气体表面积。摩擦力带来的压力损耗体现在体积力中，可在动量守恒方程中添加损失源项 $S_f$，如式（7.25）所示：

$$\int S_f \cdot dV = -\frac{F_F}{V_A} \cdot V \tag{7.25}$$

式中：负号代表摩擦力方向与气流方向相反。

## 7.3　金属网格能量吸收器效果仿真分析

### 7.3.1　计算模型

为验证金属网格能量吸收器对热–力效应的抑制效果，需建立开关柜三维计算模型，但考虑到实际开关柜尺寸较大、内部结构复杂、计算量较大，拟采用缩比模型来分析金属网格能量吸收器的效果。根据图 4.1 所示开关柜电缆室体积大小，确定缩比因子为 1/2，缩比后的模型体积大小为 $0.156\ \mathrm{m}^3$，安装金属网格能量吸收器后，电缆室内部短路燃弧爆炸热–力效应计算模型如图 7.3 所示。

电缆室顶部泄压盖尺寸为 $15\ \mathrm{cm}\times 30\ \mathrm{cm}$，金属网格能量吸收器位于泄压口下方（$D_1 = 3\ \mathrm{cm}$），其尺寸为 $22\ \mathrm{cm}\times 40\ \mathrm{cm}\times 3.5\ \mathrm{cm}$，隔室内部设置两个监测点 $^\#1$、$^\#2$，其坐标分别为 (11, 20, 98)、(30, 20, 50)，可分别监测出口温度、流速和柜体内部压力升变化情况，金属网格能量吸收器参数如表 7.1 所示。

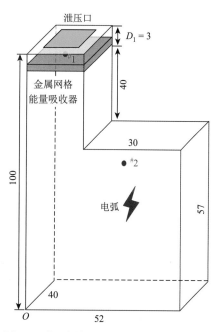

图 7.3　热–力效应计算模型（单位：cm）

表 7.1　金属网格能量吸收器参数

| 参数 | 数值 | |
| --- | --- | --- |
| | 方形排列 | 交错排列 |
| 网格层数 $N_a$ | 3 | |
| 表面积/$\mathrm{m}^2$ | 0.264 | |
| 有效开口面积/$\mathrm{m}^2$ | 0.108 | 0.112 |
| 横向节距比 $a$ | 1.75 | |
| 纵向节距比 $b$ | 1.25 | |
| 网格条直径 $d$/m | 0.01 | |

### 7.3.2　防护效果分析

当电流为 10 kA 时，通过上述仿真模型进行计算，获得泄压盖开启条件下电缆室内部短路燃弧过程热-力效应分布。其中，有无金属网格能量吸收器（方形排列）时截面的流速分布如图 7.4 所示。可见，在燃弧初期，由于泄压盖未开启，通过金属网格能量吸收器的气体流速较小，因此，金属网格能量吸收器对气流的阻碍较弱，有无金属网格能量吸收器时柜内流速基本一致（图中 9 ms 所示）；燃弧至 10 ms 时，泄压盖开启，柜内气流快速流出，流速增大；燃弧至 11 ms 时，流速最大值位于泄压口中心处，有金属网格能量吸收器时泄压口最大流速约为 64 m/s，相比无金属网格能量吸收器约低13.51%；燃弧至 30 ms 时，有金属网格能量吸收器时泄压口气体流速偏大，这是因为金属网格能量吸收器阻碍了高速气流向外流出，导致柜体下方压强升高，内部气体的压力增大；燃弧至 60 ms 时，柜体内部气体流动趋于稳定，有金属网格能量吸收器时泄压口最大流速约为 87 m/s，与无金属网格能量吸收器相比降低了 15.53%。整体来看，金属网格能量吸收器可有效降低柜内高速气流的速度，减小了气流对外部的冲击。

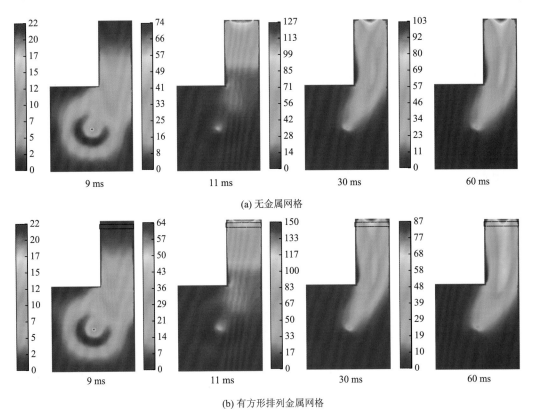

(a) 无金属网格

(b) 有方形排列金属网格

图 7.4　流速分布（单位：m/s）

有无金属网格能量吸收器（方形排列）时截面的温度分布如图 7.5 所示。由图可知，两种情况下的柜内最高温度基本一致，均出现在燃弧部位。当泄压盖开启后，由于高速气流向外流出，电弧区域炽热气体向出口处扩散，泄压口截面温度分布如图 7.6 所示。可见，温度最大值出现在泄压口的中心部位，燃弧至 20 ms 时，有金属网格能量吸收器时泄压口温度相比无金属网格能量吸收器约低 77.13%，这是因为金属网格能量吸收器对气流具有一定的阻碍作用，使得高温气流传递至泄压口有所滞后；随着气流的快速流出，燃弧至 30 ms 时，泄压口处最高温度约为 3502 K，相比无金属网格能量吸收器约高 4.13%；当柜体内部气体流动趋于稳定时（图中 60 ms 所示），有金属网格能量吸收器时泄压口的最高温度约低 98 K，吸收的总能量约为 144.25 kJ。可见，金属网格能量吸收器可显著降低柜内喷出高速气体的温度，从而减弱故障电弧对周围工作人员和建筑物的热效应。

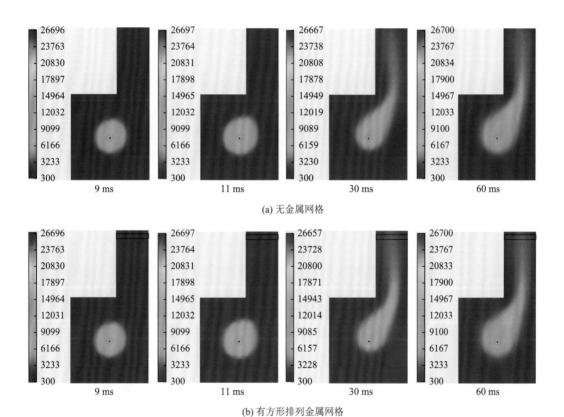

(a) 无金属网格

(b) 有方形排列金属网格

图 7.5 柜内温度分布（单位：K）

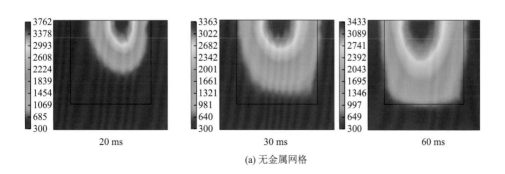

(a) 无金属网格

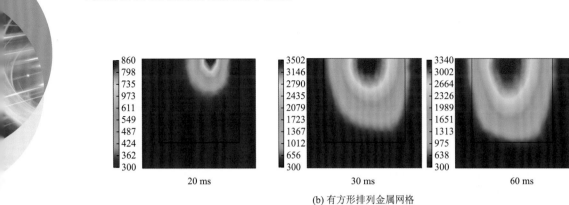

(b) 有方形排列金属网格

图 7.6　泄压口截面温度分布（单位：K）

# 7.4　影响因素分析

由金属网格能量吸收器的数学模型可知：尺寸参数不同会造成能量吸收器能量吸收和流动阻力存在差异，因此，为优化金属网格能量吸收器的防护效果，有必要分析网格排列方式、网格条直径、网格层数、网格横纵节距比和能量吸收器放置位置等因素对开关柜内部短路燃弧爆炸过程中的气体流速、温度及压力升的影响。

## 7.4.1　网格排列方式对防护效果的影响

为研究网格排列方式对防护效果的影响，对比分析金属网格方形排列和交错排列时柜内压力升及泄压口气体流速、温度的差异。

泄压口处（监测点#1）气体流速变化曲线如图 7.7（a）所示，可见，安装金属网格能量吸收器后，在两种排列方式下，气体流速均呈先增大后减小，最终逐渐稳定的趋势；泄压过程中，由于能量吸收器内部网格与空气的摩擦力会对高速气流产生阻碍作用，引起金属网格能量吸收器柜内侧压力释放速度减慢，导致泄压口处气体流速峰值出现时刻滞后于无金属网格能量吸收器的情况；金属网格能量吸收器呈方形排列和交错排列时，最大流速分别较无金属网格能量吸收器时低约 25.23%、32.84%；燃弧至 60 ms 时，由于柜内压强较小，且金属网格能量吸收器存在阻流作用，金属网格能量吸收器在方形排列、交错排列方式下，泄压口处气体流速分别下降约 16.39%、19.31%。

泄压口处（监测点#1）气体温度变化曲线如图 7.7（b）所示，泄压口处气体温度受流速影响较大，当柜内流速增大时，热气流加速流出，导致泄压口处气体温度增高。温度均呈先增大后减小，最终逐渐稳定的趋势，燃弧至 25~40 ms 时，金属网格能量吸收器对高速气流有阻碍作用，导致柜内压强减缓下降、流速变大，从而加速了高温气体的外流，导致出现气体最高温度高于无金属网格能量吸收器的情况；燃弧至 40~60 ms 时，不论是否安装金属网格能量吸收器，柜内压强、泄压口流速差异均较小，但热气体流经金属网格能量吸收器时，部分热量会通过热传导传递给金属网格，产生热量损失，从而

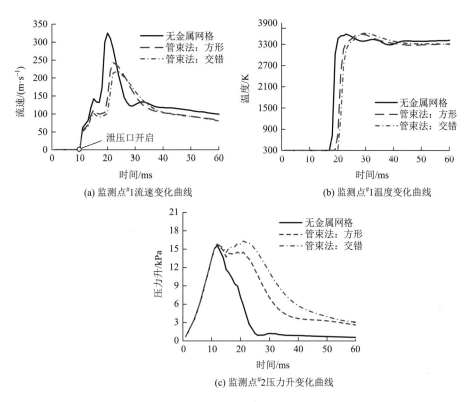

(a) 监测点#1流速变化曲线　　(b) 监测点#1温度变化曲线

(c) 监测点#2压力升变化曲线

图 7.7　网格排列方式对防护效果的影响

使泄压口处气体温度逐渐低于无金属网格能量吸收器的情况；燃弧至 60 ms 时，方形排列和交错排列下温度分别较无金属网格能量吸收器时低 100.46 K 和 111.70 K 左右。金属网格能量吸收器采用方形排列和交错排列时，吸收的总能量分别约为 144.25 kJ 和 159.39 kJ，吸热效率（金属网格能量吸收器吸收的总能量与电弧总能量的比值）分别为 1.41% 和 1.56%。可见，交错排列法的吸热效果更好，其吸热效率比方形排列高 11% 左右。

柜内（监测点#2）压力升变化曲线如图 7.7（c）所示，安装金属网格能量吸收器后，两种排列方式下柜内的最大压力升与无金属网格能量吸收器时基本一致，即柜内压力升增幅较小；燃弧至 60 ms 时，两者均降至 3.5 kPa 以下。可见，金属网格能量吸收器的存在仅减缓了柜内压力的下降速率，但并不影响泄压过程。

综上所述，交错排列的金属网格能量吸收器对高温高速气流的防护效果更好，建议实际采用交错排列的金属网格能量吸收器来减小故障电弧的影响。

## 7.4.2　网格条直径对防护效果的影响

为研究网格条直径 $d$ 对防护效果的影响，分别设置 $d$ 为 3 mm、5 mm、7 mm 和 10 mm，

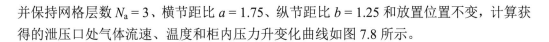

并保持网格层数 $N_\mathrm{a} = 3$、横节距比 $a = 1.75$、纵节距比 $b = 1.25$ 和放置位置不变，计算获得的泄压口处气体流速、温度和柜内压力升变化曲线如图 7.8 所示。

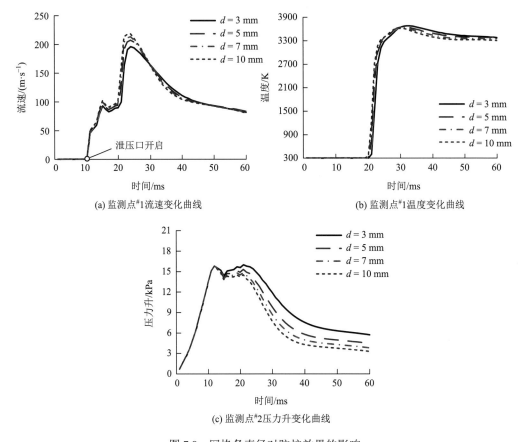

(a) 监测点#1流速变化曲线

(b) 监测点#1温度变化曲线

(c) 监测点#2压力升变化曲线

图 7.8　网格条直径对防护效果的影响

由图 7.8（a）可知，泄压口处气体流速最大值随着网格条直径 $d$ 的减小而降低；当 $d = 3$ mm 时，其最大流速比 $d = 10$ mm 时低约 9.97%，当燃弧至 60 ms 时，不同直径网格条能量吸收器的泄压口处气体流速基本一致。由图 7.8（b）可知，燃弧前期（20～30 ms），$d$ 越小，泄压口处气体温度越低，但随着燃弧的发展，泄压口处气体温度逐渐升高，当燃弧至 60 ms 时，$d = 3$ mm 相比 $d = 10$ mm 高约 2.36%，这是因为小直径网格条的泄压口流速较大，加速了热空气向外的流动；当网格条直径 $d$ 分别为 3 mm、5 mm、7 mm 和 10 mm 时，金属网格能量吸收器吸收的总能量分别为 156.59 kJ、150.39 kJ、154.42 kJ、159.39 kJ，差异较小。由图 7.8（c）可知：柜内压力升随 $d$ 的减小而增大，$d$ 分别为 3 mm、5 mm、7 mm、10 mm 时，柜内最大压力升分别为 16.01 kPa、15.78 kPa、15.77 kPa、15.75 kPa，整体差异较小。综上所述，减小网格条直径可明显降低泄压口的最大流速，但其对能量吸收效果的影响较小，当 $d$ 由 10 mm 降至 3 mm 时，最大流速降低了 9.97% 左右。

### 7.4.3　网格层数对防护效果的影响

为研究金属网格能量吸收器网格层数 $N_a$ 对防护效果的影响，分别将 $N_a$ 设置为 3、4、5、6，并保持网格条直径 $d = 10$ mm、横节距比 $a = 1.75$、纵节距比 $b = 1.25$ 和放置位置不变，计算获得泄压口处气体流速、温度和柜内压力升变化曲线如图 7.9 所示。

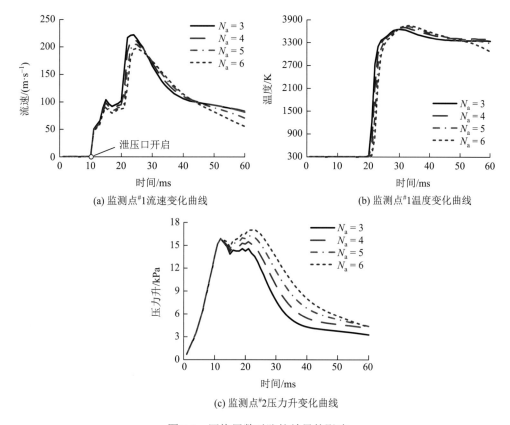

(a) 监测点#1流速变化曲线

(b) 监测点#1温度变化曲线

(c) 监测点#2压力升变化曲线

图 7.9　网格层数对防护效果的影响

由图 7.9（a）可知：泄压口处气体流速最大值随 $N_a$ 的增大而减小，当 $N_a$ 由 3 层依次增至 6 层时，其最大流速分别降低 3.90%、8.09%、11.36%。由图 7.9（b）可知，在燃弧初期（20～30 ms），$N_a$ 越大，泄压口处气体温度越低，燃弧趋于稳定后（60 ms），$N_a = 6$ 时泄压口处气体温度相比 $N_a = 3$ 时低约 8.09%。当 $N_a$ 分别为 3、4、5、6 时，金属网格能量吸收器吸收的总能量分别约为 159.39 kJ、185.67 kJ、246.80 kJ、351.82 kJ。由图 7.9（c）可知：随着 $N_a$ 的增加，柜内压力升有所增大，$N_a$ 由 3 层增至 6 层时，柜内最大压力升增大约 7.59%。因此，增加金属网格层数可明显降低泄压口气体流速与温度，但考虑到柜内压力升会增大，网格层数也不宜过多。

### 7.4.4　网格横纵节距比对防护效果的影响

为研究金属网格能量吸收器网格横节距比 $a$ 对防护效果的影响，分别将 $a$ 设置为 1.75、2.25、2.75，并保持网格直径 $d = 10\ mm$、网格层数 $N_a = 3$、纵节距比 $b = 1.25$ 和放置位置不变，计算获得的泄压口处气体流速、温度和柜内压力升变化曲线如图 7.10 所示。

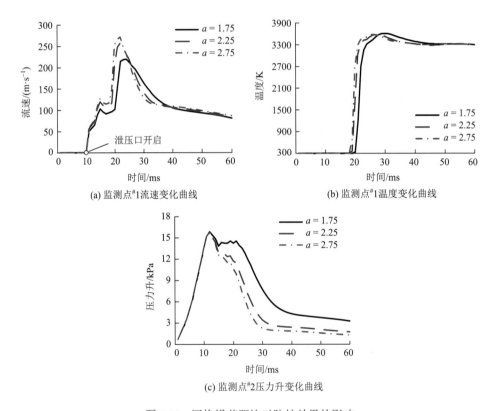

(a) 监测点#1流速变化曲线　　　(b) 监测点#1温度变化曲线

(c) 监测点#2压力升变化曲线

图 7.10　网格横节距比对防护效果的影响

由图 7.10（a）可知：泄压口处气体流速最大值随 $a$ 的减小而降低，这是由于 $a$ 减小，网格条间孔隙变小，导致流阻增大。当燃弧至 60 ms 时，$a = 1.75$ 对应泄压口处气体流速约为 80.23 m/s，相比 $a = 2.75$ 低约 6.18%。由图 7.10（b）可知，在燃弧初期（20～30 ms），$a$ 越小，泄压口处气体温度越低，燃弧趋于稳定时（60 ms），不同 $a$ 的泄压口处气体温度差异较小。由图 7.10（c）可以看出：随着 $a$ 的增大，柜内压力升逐渐减小，当 $a$ 由 2.75 减至 1.75 时，柜内最大压力升基本不变。因此，减小金属网格能量吸收器横节距比可明显降低泄压口流速，但其对能量吸收的影响较小。

同理，改变网格纵节距比 $b$，分析了纵节距比 $b$ 对防护效果的影响，发现不同纵节距比下获得的泄压口处气体流速、温度及柜内压力升变化特征基本一致。因此，改变金属网格能量吸收器的纵节距比对防护效果的影响较小。

## 7.4.5    能量吸收器放置位置对防护效果的影响

为研究金属网格能量吸收器放置位置对防护效果的影响，将图 7.3 中金属网格能量吸收器与泄压口的垂直距离 $D_1$ 分别设置为 3 cm、17 cm、33 cm，并保持网格条直径 $d = 10$ mm、网格层数 $N_a = 3$、横节距比 $a = 1.75$、纵节距比 $b = 1.25$ 不变，计算获得泄压口处气体流速、温度和柜内压力升变化曲线如图 7.11 所示。

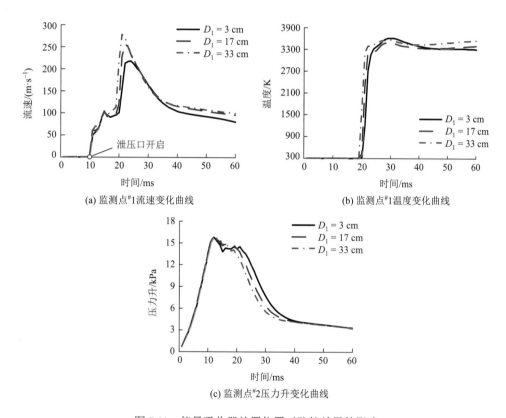

图 7.11    能量吸收器放置位置对防护效果的影响

由图 7.11（a）可知：金属网格能量吸收器与泄压口垂直距离 $D_1$ 减小（即靠近泄压口附近）时，泄压口处气体流速最大值随之减小，当 $D_1$ 由 33 cm 减小至 17 cm 和 3 cm 时，其最大流速分别降低 7.91% 和 21.50%。由图 7.11（b）可知：在泄压口开启的初始阶段（20～30 ms），$D_1$ 越小，泄压口处气体温度越低，燃弧趋于稳定时（60 ms），$D_1 = 3$ cm

时泄压口处气体温度与 $D_1 = 33$ cm 时相比降低约 6.63%。由图 7.11（c）可以看出：当金属网格能量吸收器处于不同位置时，柜内的压力升变化差异较小，燃弧至 60 ms 时，柜内压力升基本一致。

由金属网格能量吸收器的作用原理可知，金属网格能量吸收器前方（柜体侧）气体的平均流速 $v$ 对能量吸收与流动阻力影响较大，金属网格能量吸收器处于不同位置时，前方气体的平均流速 $v$ 变化规律如图 7.12 所示。可见，当 $D_1 = 3$ cm 时，其最大流速和最终流速均高于 $D_1 = 17$ cm 和 33 cm 的情况，因此其防护效果最好。这是因为金属网格能量吸收器距离泄压口越近，其平均流速 $v$ 越大，所引起的流动阻力和能量吸收越高，故对热-力效应的防护效果越好。

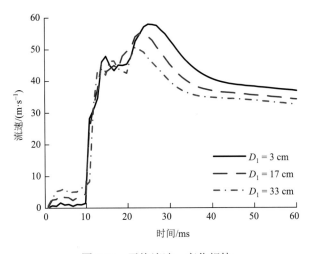

图 7.12　平均流速 $v$ 变化规律

# 7.5　本　章　小　结

本章提出了金属网格能量吸收器能量吸收模型和流动阻力模型两种等效数学模型，分别计算了有无金属网格能量吸收器时，开关柜内部短路燃弧爆炸时气体流速与温度的变化规律，验证了金属网格能量吸收器的防护效果，并对比分析了金属网格能量吸收器方形排列、交错排列方式对气体流速、温度及柜内压力升的影响，研究了金属网格排列方式、网格条直径、网格层数、网格横纵节距比和能量吸收器放置位置等因素对防护效果的影响，得到以下结论。

（1）泄压口附近安装金属网格能量吸收器后，泄压口气体的流速和温度相比无金属网格能量吸收器时，均明显降低，因此，金属网格能量吸收器可有效抑制流出气体的热-力效应，从而减轻高温高压气体对周围工作人员和建筑物的伤害。

（2）金属网格能量吸收器交错排列时的防护效果更好，燃弧过程中，交错排列的金属网格能量吸收器的吸热效率为 1.56%，相比方形排列高 11%左右。因此，建议金属网格能量吸收器采用交错排列的方式布置。

（3）金属网格能量吸收器的网格条直径、网格层数、网格横节距比及放置位置对开关柜内部燃弧的防护效果影响较大，而网格纵节距比的影响较小。减小网格条直径、横节距比可降低泄压口气体流速，但其均对热能吸收效果的影响较小；增加金属网格层数可明显降低泄压口气体流速与温度，当网格层数由 3 层增至 6 层时，其最大流速降低约 11.36%，降低速率约为 7.78 (m·s$^{-1}$)/层，最终温度降低约 8.09%；金属网格能量吸收器距泄压口越近，其平均流速越大，所引起的流动阻力和能量吸收越高，对热-力效应的防护效果越好。

# 参 考 文 献

[1]  黄兴泉，俎洋辉，李卫国，等. 省网开关柜有关绝缘问题及分析[J]. 河南电力，2015（4）：10-15.

[2]  BINNENDILJK M，SCHOONENBERG G C，LAMMERS A J W. The prevention and control of internal arcs in medium-voltage switchgear[C]. 14th International Conference and Exhibition on Electricity Distribution，London，UK，1997：1-5.

[3]  DEB N，TRICOT T，BAILLY P，et al. Design of a new generation of internal arc resistant switchgear[C]. IEEE-IAS/PCA Cement Industry Technical Conference，Chattanooga，TN，USA，2004：25-30.

[4]  蔡彬，陈德桂. 中压开关柜中内部电弧故障的计算方法和防护措施[J]. 高压电器，2003，39（1）：8-11.

[5]  ROCHETTE D，CLAIN S，ANDRÉ P，et al. Two-dimensional modelling of internal arc effects in an enclosed MV cell provided with a protection porous filter[J]. Journal of Physics D：Applied Physics，2007，40（10）：3137-3144.

[6]  蓝会立，张认成. 开关柜内部故障电弧探测法的研究现状及趋势[J]. 高电压技术，2008，34（3）：496-499.

[7]  陈西庚. 成套开关柜的电弧短路保护[J]. 继电器，2000，28（6）：33-37.

[8]  王伟. 12 kV 开关柜内部燃弧仿真及柜体强度优化[D]. 沈阳：沈阳工业大学，2011.

[9]  国家市场监督管理总局，国家标准化管理委员会. 3.6 kV～40.5 kV 交流金属封闭开关设备和控制设备：GB/T 3906—2020[S]. 中国标准出版社，2020.

[10]  于庆瑞，王思润，奚育宏. 耐受内部电弧故障级中压开关柜的研究[J]. 电气制造，2010（8）：34-36.

[11]  王铮. 低压综合配电箱内部故障电弧防护的试验研究[J]. 电器与能效管理技术，2016（12）：42-45.

[12]  WG A3.24. Tools for the simulation of effects due to internal arc in MV and HV switchgear[R]. GICRE，2013.

[13]  The International Electrotechnical Commission. High-voltage switchgear and control gear-Part 200：AC metal-enclosed switchgear and controlgear for rated voltages above 1 kV and up to and including 52 kV：IEC 62271-200：2021 EN-FR. [S]. International Electrotechnical Commission，2021.

[14]  STRASSER H，SCHMIDT K D，HOGG P. Effects of arcs in enclosures filled with SF6 and steps taken

to restrict them in SF6 switchgear[J]. IEEE Transactions on Power Apparatus and System，1975，94（3）：1051-1060.

[15] 阮江军，黎鹏，黄道春，等. 中压开关柜内部短路燃弧热–力效应研究综述[J]. 高电压技术，2018，44（10）：3340-3351.

[16] 黄晓胜. 预防10～35 kV 金属封闭开关柜事故措施[J]. 云南电力技术，2010，38（1）：48-49.

[17] 贺家李. 电力系统继电保护原理[M]. 北京：中国电力出版社，2010.

[18] 张保会，尹项根. 电力系统继电保护[M]. 北京：中国电力出版社，2010.

[19] 曾新雄，李新海，曾庆祝，等. 10 kV 开关柜内部电弧故障的危害与保护[J]. 广东电力，2016，29（6）：67-71.

[20] FRIBERG G，PIETSCH G J. Calculation of pressure rise due to arcing faults[J]. IEEE Transactions on Power Delivery，1999，14（2）：365-370.

[21] LUTZ F，PIETSCH G. The calculation of overpressure in metal-enclosed switchgear due to internal arcing[J]. IEEE Transactions on Power Apparatus and System，1982，PAS-101（11）：4230-4236.

[22] DASBACH A，PIETSCH G J. Calculation of pressure waves in substation buildings due to arcing faults[J]. IEEE Transactions on Power Delivery，1990，5（4）：1760-1765.

[23] CAI B，CHEN D，LI Z. Simulation and experiments on internal arcing faults in MV metal-clad switchgear[J]. Transactions of China Electrotechnical Society，2004，3（3）：82-87.

[24] LI M，WU Y F，LIU J，et al. Aluminum erosion due to fault arcing and its effects on temperature and pressure in a closed air vessel[J]. IEEE Transactions on Plasma Science，2020，48（10）：3487-3494.

[25] CHITAMARA N，ANANTAVANICH K，PIETSCH G J，et al. Internal arcs in electrical installations-validity range of a pressure calculation method[C]. 8th International Conference on Electrical Engineering/Electronics，Computer，Telecommunications and Information Technology，Khon Kaen，Thailand，2011：665-668.

[26] KROKSTAD A，STRECM S，SCRSDAL S. Calculating the acoustical room response by the use of a ray tracing technique[J]. Journal of Sound and Vibration，1968，8（1）：118-125.

[27] ZHANG X，ZHANG J，PIETSCH G. Estimation of the arc power during a three-phase arc fault in MV electrical installations[J]. IEEE Transactions on Plasma Science，2007，35（3）：724-730.

[28] FJELD E，HAGEN S T. Small-scale arc fault testing of medium-voltage metal-enclosed switchgear[J]. IEEE Transactions on Power Delivery，2016，31（1）：37-43.

[29] FJELD E，HAGEN S T. Small scale arc fault testing in air[C]. 20th International Conference and Exhibition on Electricity Distribution，Prague，Czech Republic，2009：8-11.

[30] LEE R H. Pressures developed by arcs[J]. IEEE Transactions on Industry Applications，1987，IA-23（4）：760-764.

[31] LOWKE J J. Simple theory of free-burning arcs[J]. Journal of Physics D：Applied Physics，1979，12（11）：1873-1886.

[32] 许晔，郭谋发，陈彬，等. 配电网单相接地电弧建模及仿真分析研究[J]. 电力系统保护与控制，2015，43（7）：57-64.

[33] FISHER L E. Resistance of low-voltage AC arcs[J]. IEEE Transactions on Industry and General Applications，1970，IGA-6（6）：607-616.

[34] WILKINS R，ALLISON M，LANG M. Improved method for arc flash hazard analysis[C]. IEEE Industrial and Commercial Power Systems Technical Conference，Florida，USA，2004：55-62.

[35] WILKINS R，ALLISON M，LANG M. Time-domain analysis of 3-phase arc flash hazard[C]. Proceedings of the Seventh International Conference on Electric Fuses and their Applications，Gdansk，Poland，2003：55-62.

[36] WILKINS R，ALLISON M，LANG M. Improved method for arc flash hazard analysis[J]. IEEE Industry Applications Magazine，2005，11（3）：40-48.

[37] IEEE Standard 1584—2002. IEEE guide for performing arc flash hazard calculations[S]. IEEE，2002.

[38] IWATA M，TANAKA S，MIYAGI T，et al. Influence of perforated metal plate on pressure rise and energy flow due to internal arcing in a container with a pressure-relief opening[J]. IEEE Transactions on Power Delivery，2014，29（3）：1292-1300.

[39] KUWAHARA H，YOSHINAGA K，SAKUMA S，et al. Fundamental investigation on internal arcs in $SF_6$ gas-filled enclosure[J]. IEEE Transactions on Power Apparatus and Systems，1982，PAS-101（10）：3977-3987.

[40] 朱光亚，吴广宁，高国强，等. 高速列车静态升降弓电弧的磁流体动力学仿真研究[J]. 高电压技术，2016，42（2）：642-649.

[41] 司马文霞，贾文彬，袁涛，等. 多段微孔结构中电弧的磁流体模型及气吹灭弧性能仿真[J]. 高电压技术，2016，42（11）：3376-3382.

[42] LI M，ZHANG J P，HU Y，et al. Simulation of fault arc based on different radiation models in a closed tank[J]. Plasma Science and Technology，2016，18（5）：549-553.

[43] ZHANG X，ZHANG J，GOCKENBACH P. Calculation of the three-phase internal fault currents in medium-voltage electrical installations[J]. IEEE Transactions on Power Delivery，2008，23（3）：1685-1686.

[44] FJELD E，HAGEN S T，BJERKETVEDT D，et al. Radiation measurements of high current arcs in air[C]. 30th International Conference on Phenomena in Ionized Gases，Belfast，Northern Ireland，2011.

[45] DAALDER J E，LILLEVIK O，REIN A，et al. Arc in SF$_6$-MV-Switchgear pressure rise in equipment room[C]. 10th International Conference on Electricity Distribution，Brighton，UK，1989：37-41.

[46] BJORTUFT T R，GRANHAUG O，HAGEN S T，et al. Internal arc fault testing of gas insulated metal enclosed MV switchgear[C]. 18th International Conference and Exhibition on Electricity Distribution （CIRED），Turin，Italy，2005：1-5.

[47] ANANTAVANICH K，PIETSCH G J. Calculation of overpressure in the surroundings of fault arcs in SF$_6$-air mixtures[C]. 17th International Conference on Gas Discharges and Their Applications，Cardiff，UK，2008：165-168.

[48] ANANTAVANICH K，PIETSCH G J，GOCKENBACH E. Modelling of SF$_6$-air mixtures in MV switchgear during internal arcing using a CFD tool[C]. Proceedings of the 15th International Symposium Conference on High-Assurance Systems，Slovenia，2007：T3-282.

[49] UZELAC N，DULLNI E，KRIEGEL M，et al. Application of simplified model for the calculation of the pressure rise in MV switchgear due to internal arc fault[C]. 22nd International Conference on Electricity Distribution，Stockholm，Sweden，2013：10-13.

[50] 张俊鹏，袁端磊，李美，等. 不同绝缘气体对内部故障电弧压力效应的影响[J]. 高压电器，2017，53（8）：100-104.

[51] IWATA M，ANANTAVANICH K，PIETSCH G. Influence of arc current on fraction $k_p$ of electric arc energy leading to pressure rise in a closed container[C]. 17th International Conference on Gas Discharges and Their Application，Cardiff，UK，2008：189-192.

[52] IWATA M，ANANTAVANICH K，PIETSCH G J. Influence of current and electrode material on fraction $k_p$ of electric arc energy leading to pressure rise in a closed container during internal arcing[J]. IEEE Transactions on Power Delivery，2010，25（3）：2028-2029.

[53] IWATA M，TANAKA S，OHTAKA T. CFD calculation of pressure rise due to internal AC and DC arcing in a closed container[J]. IEEE Transactions on Power Delivery，2011，26（3）：1700-1709.

[54] KOTARI M，TADOKORO T，TANAKA S，et al. Pressure rise due to SF$_6$ arcing and energy balance in a closed container[J]. Electrical Engineering in Japan，2016，195（3）：26-37.

[55] ZHANG X，PIETSCH G，GOCKENBACH E. Investigation of the thermal transfer coefficient by the energy balance of fault arcs in electrical installations[J]. IEEE Transactions on Power Delivery，2006，21（1）：425-431.

[56] ZHANG X，ZHANG J，GOCKENBACH E. Calculation of pressure and temperature in medium-voltage electrical installations due to fault arcs[J]. Journal of Physics D：Applied Physics，2008，41（10）：1-11.

[57] FJELD E，HAGEN S T，SKRYTEN P，et al. Small scale arc fault testing of medium voltage switchgear[C]. 22th International Conference and Exhibition on Electricity Distribution，Stockholm，Sweden，2013：1-4.

[58] RONG M，LI M，WU Y，et al. 3-D MHD modeling of internal fault arc in a closed container[J]. IEEE Transactions on Power Delivery，2017，32（3）：1220-1227.

[59] WU Y，LI M，RONG M，et al. Experimental and theoretical study of internal fault arc in a closed container[J]. Journal of Physics D：Applied Physics，2014，47（50）：1-14.

[60] LI M，RONG M Z，WU Y，et al. The influence of electrode erosion on fault arc[C]. 3rd International Conference on Electric Power Equipment-Switching Technology（ICEPE-ST），Busan，Korea，2015：142-145.

[61] FINKE S，KOENIG D，KALTENBORN U. Effects of fault arcs on insulating walls in electrical switchgear[C]. IEEE International Symposium Conference on Electrical Insulation，Anaheim，CA，2000：386-389.

[62] FINKE S，KOENIG D. Recent investigations on high current internal arcs in low voltage switchgear[C]. IEEE International Symposium Conference on Electrical Insulation，Boston，MA，USA，2002：336-340.

[63] 黄锐，胡毅亭，马炳烈，等. 开关柜内部电弧故障产生力和热的计算模型[J]. 爆炸与冲击，2000，20（2）：125-130.

[64] 朱东升. 开关设备内部电弧故障的分析及应用[J]. 电工电气，2012（9）：32-34.

[65] 熊泰昌. 内部电弧故障试验情况下中压开关柜强度计算[J]. 高压电器，2002，38（4）：42-44.

[66] 熊泰昌. 高压开关柜防护内部电弧故障的结构强度计算与试验研究[J]. 上海电器技术，2002（3）：124-128.

[67] 李玲，刘成学. 中压开关柜内部故障电弧计算及防护措施[J]. 高压电器，2014，50（9）：131-138.

[68] 蔡彬，陈德桂，吴伟光，等. 开关柜耐受最大冲击载荷的冲击动力学研究[J]. 中国电机工程学报，2005，25（4）：124-132.

[69] 吴伟光，蔡彬，马履中. 利用 ANSYS 确定开关柜承受的最大爆炸冲击载荷[J]. 机械设计与制造，2005（10）：92-94.

[70] OYVANG T，RONDEEL W，FJELD E，et al. Energy based evaluation of gas cooling related to arc faults in medium voltage switchgear[C]. 22nd International Conference and Exhibition on Electricity

Distribution，Stockholm，Sweden，2013：1-4.

[71] ANANTAVANICH K. Calculation of pressure rise in electrical installations due to internal arcs considering $SF_6$-Air mixtures and arc energy absorbers[D]. North Rhine-Westphalia：RWTH Aachen University，2010.

[72] ANANTAVANICH K，PIETSCH G. Calculation of pressure rise in electrical installations due to internal arcing taking into account arc energy absorbers[J]. IEEE Transactions on Power Delivery，2016，31（4）：1618-1626.

[73] IWATA M，TANAKA S，MIYAGI T，et al. CFD calculation of pressure rise and energy flow of hot gases due to short-circuit fault arc in switchgears[C]. 18th International Conference on Electrical Machines and Systems（ICEMS），Pattaya，Thailand，2015：1390-1394.

[74] ROCHETTE D，CLAIN S，BUSSIERE W，et al. Porous filter optimization to improve the safety of the medium-voltage electrical installations during an internal arc fault[J]. IEEE Transactions on Power Delivery，2010，23（3）：1685-1686.

[75] ROCHETTE D，CLAIN S，GENTILS F. Numerical investigations on the pressure wave absorption and the gas cooling interacting in a porous filter，during an internal arc fault in a medium-voltage cell[J]. IEEE Transactions on Power Delivery，2008，23（1）：203-212.

[76] ROCHETTE D，CLAIN S. Two-dimensional computation of gas flow in a porous bed characterized by a porosity jump[J]. Journal of Computational Physics，2006，219（1）：104-119.

[77] TANAKA S，MIYAGI T，IWATA M，et al. Reduction in pressure rise due to internal arcing using melting and vaporization of metal[J]. IEEE Transactions on Power Delivery，2013，28（1）：328-335.

[78] TANAKA S，MIYAGI T，OHTAKA T，et al. Influence of electrode material on pressure-rise due to arc in a closed chamber[J]. Electrical Engineering in Japan，2011，174（4）：9-18.

[79] OYVANG T，FJELD E，RONDEEL W，et al. High current arc erosion on copper electrodes in air[C]. IEEE 57th Holm Conference on Electrical Contacts，MN，USA，2011.

[80] WILSON W. High-current arc erosion of electric contact materials[J]. Transactions of the American Institute of Electrical Engineers. Part III：Power Apparatus and Systems，1955，74（3）：657-664.

[81] 李长鹏，吴小钊，张文凯，等. 中压气体绝缘金属封闭开关设备泄压孔设计方法研究[J]. 高压电器，2016，52（7）：155-160.

[82] SCHMALE M，PIETSCH G J. Influence of buffer volumes on pressure rise in switchgear installations due to internal arcing[C]. 17th International Conference on Gas Discharges and Their Applications，Cardiff，UK，2008：201-204.

[83] BAJANEK T，KALINA E，PERNICA R，et al. Experience with pressure rise calculation in medium voltage switchgear[C]. 16th International Scientific Conference on Electric Power Engineering（EPE），Kouty nad Desnou，Czech Republic，2015.

[84] 黎鹏，阮江军，黄道春，等. 封闭容器内部短路燃弧爆炸压力效应计算[J]. 爆炸与冲击，2017，37（6）：1065-1071.

[85] 魏梦婷. 开关柜内部燃弧压力计算及其抑制措施研究[D]. 武汉：武汉大学，2017.

[86] WACTOR M，OLSEN T W，BALL C J，et al. Strategies for mitigation the effects of internal arcing faults in medium-voltage metal-enclosed switchgear[C]. IEEE/PES Transmission and Distribution Conference and Exposition. Developing New Perspectives，Atlanta，GA，USA，2001：323-328.

[87] KALKSTEIN E W，DOUGHTY R L，PAULLIN A E，et al. Safety benefits of arc-resistant metalclad medium-voltage switchgear[J]. IEEE Transactions on Industry Applications，1995，IA-31（6）：1402-1411.

[88] 王利，李剑辉，汪世明. 中压金属封闭开关设备内部故障电弧的预防和排除[J]. 电气制造，2007（3）：76-79.

[89] DRESCHER G，SPACK H，BETZMANN M. Controlled pressure stress on switchgear rooms during internal arc faults[C]. Fifth International Conference on Trends in Distribution Switchgear，London，UK，1998：62-67.

[90] 吴文海，余良清，郑宇宏，等. 800 kV GIS 母线内部故障电弧分析及试验验证[J]. 高压电器，2017，53（11）：225-228.

[91] VAHAMAKI O J. Arc protection as integrated part of line protection relays[C]. South African Power System Protection Conference，Bled，Slovenia，2002.

[92] SMITHELLS J. Smithells metals reference book[M]. Oxford：Butterworth-Heinemann，1998.

[93] BAEHR H D. Thermodynamik[M]. Berlin：Springer-Verlag，1990.

[94] BJORTUFT T R，GRANHAUG O，HAGEN S T，et al. Internal arc fault testing of gas insulated metal enclosed MV switchgear[C]. 18th International Conference and Exhibition on Electricity Distribution（CIRED），Turin，Italy，2005.

[95] 李美，王一玮，李林，等. 绝缘气体对开关柜内部故障燃弧压力上升的影响[J]. 电气工程学报，2020，15（2）：11-17.

[96] GLEIZES A，RAHAL A M，DELACROIX H，et al. Study of a circuit-breaker arc with self-generated flow. I. energy transfer in the high-current phase[J]. IEEE Transactions on Plasma Science，1988，16（6）：606-614.

[97]  廖才波. 基于多物理场耦合分析的油浸式变压器热点温度及运行特性研究[D]. 武汉：武汉大学，2015.

[98]  吴颂平，刘赵淼. 计算流体力学及其应用[M]. 北京：机械工业出版社，2007.

[99]  王永强，马伦，律方成，等. 基于有限差分和有限体积法相结合的油浸式变压器三维温度场计算[J]. 高电压技术，2014，40（10）：3179-3185.

[100] 霍尔曼 J P. 传热学（英文版·原书第 10 版）[M]. 北京：机械工业出版社，2011.

[101] 王洪伟. 我所理解的流体力学[M]. 北京：国防工业出版社，2014

[102] HOLMAN J P. HEAT TRANSFER[M]. New York：McGraw-Hill，2002.

[103] 李俊杰，徐义华，王伟，等. 湍流模型对压气机数值模拟的影响研究[J]. 南昌航空大学学报（自然科学版），2017，31（2）：12-19.

[104] 陈利丽，钱瑞战，雷武涛，等. 不同湍流模型对增升装置气动特性计算结果的影响[J]. 航空科学技术，2016，27（10）：27-31.

[105] LAUNDER B E，SPALDING D B. The numerical computation of turbulent flows[J]. Computer Methods in Applied Mechanics and Engineering，1974，3（2）：269-289.

[106] 聂欣，张玉洲，张童伟，等. 6 种低雷诺数 $k$-$\varepsilon$ 模型在三维附壁剪切流中的数值模拟与对比分析[J]. 中国电机工程学报，2017，37（24）：7247-7254.

[107] LI P，RUAN J J，HUANG D C，et al. Analysis of pressure rise in a closed container due to internal arcing[J]. Energies，2017，10（3）：294.

[108] 谢龙汉，赵新宇. ANSYS CFX 流体分析及仿真[M]. 2 版. 北京：电子工业出版社，2013.

[109] 王勖成，邵敏. 有限单元法基本原理和数值方法[M]. 2 版. 北京：清华大学出版社，1997.

[110] COURANT R. Variational methods for the solution of problems of equilibrium and vibrations[J]. Bulletin of the American Mathematical Society，1943，49（1）：1-23.

[111] CLOUGH R W. The finite element method in plane stress analysis[C]. Proceedings of 2nd ASCE Conference on Electronic Computation，Pittsburgh，PA，USA，1960.

[112] 李人宪. 有限体积法基础[M]. 北京：国防工业出版社，2005.

[113] 刘方，翁庙成，龙天渝. CFD 基础及应用[M]. 重庆：重庆大学出版社，2015.

[114] 姚征，陈康民. CFD 通用软件综述[J]. 上海理工大学学报，2002，24（2）：137-144.

[115] DOORMAL J P，RAITHBY G D. Enhancement of the SIMPLE method for predicting incompressible fluid flows[J]. Numerical Heat Transfer，1984，7（2）：147-163.

[116] VERSTEEG H K，MALALASEKERA W. An introduction to computational fluid dynamics：the finite volume method[M]. London：Longman Group Ltd.，1995.

[117] ISSA R I. Solution of the implicitly discretised fluid flow equations by operator-splitting[J]. Journal of Computational Physics，1986，62（1）：40-65.

[118] FERZIEGER J L，PERIC M. Computational methods for fluid dynamics[M]. Heidelberg：Springer-Verlag，1996.

[119] LI P，RUAN J J, HUANG D C，et al. Pressure rise calculation during short circuit fault arc in a closed container based on arc energy equivalent method[C]. IEEE International Conference on High Voltage Engineering and Application（ICHVE），Chengdu，China，2016：1-5.

[120] 编辑委员会兵器工业科学技术辞典. 兵器工业科学技术辞典·火药与炸药[M]. 北京：国防工业出版社，1991.

[121] 王光祖，张运生. 冲击波和爆轰波的共异性[J]. 超硬材料工程，2005，17（2）：14-17.

[122] 罗兴柏，张玉令，丁玉奎. 爆炸力学理论教程[M]. 北京：国防工业出版社，2016.

[123] 北京工业大学八系. 爆炸及其作用：上册[M]. 北京：国防工业出版社，1979.

[124] 张守中. 爆炸与冲击动力学[M]. 北京：兵器工业出版社，1993.

[125] 齐宝欣. 火灾爆炸作用下轻钢框架结构连续倒塌机理分析[D]. 大连：大连理工大学，2012.

[126] 杨鑫，石少卿，程鹏飞. 空气中 TNT 爆炸冲击波超压峰值的预测及数字模拟[J]. 爆破，2008，25（1）：15-18.

[127] 蔺照东. 井下巷道瓦斯爆炸冲击波传播规律及影响因素研究[D]. 太原：中北大学，2014.

[128] 闫仁宝. 半封闭空间内爆轰波与电弧相互耦合特性及应用研究[D]. 南宁：广西大学，2014.

[129] 姚潞. 冲击波载荷作用下舱壁结构响应及加强措施研究[D]. 镇江：江苏科技大学，2015.

[130] 惠君明，陈天云. 炸药爆炸理论[M]. 南京：江苏科学技术出版社，1995.

[131] 张刘成. 内爆炸相似理论与尺寸效应研究[D]. 南京：南京理工大学，2012.

[132] MURPHY A B. Transport coefficients of air，argon-air，nitrogen-air，and oxygen-air plasmas[J]. Plasma Chemistry and Plasma Processing，1995，15（2）：279-307.

[133] 王巨丰，郭伟，梁雪，等. 爆炸气流灭弧试验与灭弧温度仿真分析[J]. 高电压技术，2015，41（5）：1505-1511.

[134] 徐国政. 高压断路器原理和应用[M]. 北京：清华大学出版社，2000.

[135] DOUGHTY R L，NEAL T E, FLOYD H L. Predicting incident energy to better manage the electric arc hazard on 600 V power distribution systems[J]. IEEE Transactions on Industry Applications，2000，36（1）：257-269.

[136] DOUGHTY R L，NEAL T E, FLOYD H L. Predicting incident energy to better manage the electric arc hazard on 600 V power distribution systems[C]. IEEE Industry Applications Society 45th Annual

Petroleum and Chemical Industry Conference，IN，USA，1998：329-346.

[137] SWEETING D. Arcing faults in electrical equipment[J]. IEEE Transactions on Industry Applications，2017，47（1）：387-397.

[138] 闫格，吴细秀，田芸，等. 开关电弧放电电磁暂态干扰研究综述[J]. 高压电器，2014，50（2）：119-130.

[139] 郭风仪，王喜利，王智勇，等. 弓网电弧辐射电场噪声实验研究[J]. 电工技术学报，2015，30（14）：220-225.

[140] 黎鹏，黄道春，阮江军，等. 柱上开关开断对二次智能设备的电磁干扰研究[J]. 电工技术学报，2015，30（8）：27-37.

[141] 韩伟锋. 弓网电弧磁流体动力学模型及温度分布研究[D]. 成都：西南交通大学，2014.

[142] 梁德旺，李博，容伟. 热完全气体的热力学特性及其 N-S 方程的求解[J]. 南京航空航天大学学报，2003，35（4）：424-429.

[143] 何仰赞，温增银. 电力系统分析[M]. 武汉：华中科技大学出版社，2001.

[144] 纪兵兵，陈金瓶. ANSYS ICEM CFD 网格划分技术实例详解[M]. 北京：中国水利水电出版社，2014.

[145] 宋治璐. 不同结构传热元件传热与阻力特性数值模拟与实验研究[D]. 上海：上海交通大学，2013.

[146] CHRIS L J，STEVEN L T，et al. Oct-trees and their use in representing three-dimensional objects[J]. Computer Graphics and Image Processing，1980，14（3）：249-270.

[147] 陈延华. 面向有限元的四面体网格生成算法研究[D]. 济南：济南大学，2011.

[148] 李春开，庞明勇. 基于八叉树的四面体网格生成算法[J]. 微计算机信息，2010，26（24）：174-175.

[149] 栾茹，白保东，谢德馨. 基于正四面体的八叉树法生成三维有限元网格[J]. 沈阳工业大学学报，1999，21（5）：409-413.

[150] JUNG Y H，LEE K. Tetrahedron-based octree encoding for automatic mesh generation[J]. Computer-Aided Design，1993，25（3）：141-153.

[151] 陶文铨. 传热学[M]. 西安：西北工业大学出版社，2006.

[152] 覃文洁，胡春光，郭良平，等. 近壁面网格尺寸对湍流计算的影响[J]. 北京理工大学学报，2006，26（5）：388-392.

[153] 方平治，顾明，谈建国，等. 数值模拟大气边界层中解决壁面函数问题方法研究[J]. 振动与冲击，2015，34（2）：85-90.

[154] 张涛，朱晓军，彭飞，等. 近壁面处理对湍流数值计算的影响分析[J]. 海军工程大学学报，2013，25（6）：104-108.

[155] 谢海英，张双，关欣. 湍流模型和壁面函数对室内空气流动数值模拟的影响[J]. 上海理工大学学报，2017，39（1）：81-85.

[156] ANSYSINC. Ansys CFX theory guide[M]. Pittsburgh：Ansys Inc.，2013.

[157] 王可强，苏经宇，王志涛. 爆炸冲击波在建筑群中传播规律的数值模拟研究[J]. 中国安全科学学报，2007，17（10）：121-127.

[158] 柏小娜，李向东，杨亚东. 封闭空间内爆炸冲击波超压计算模型及分布特性研究[J]. 爆破器材，2015，44（3）：22-26.

[159] 宋荣生. 螺纹联接轴向预紧力的控制方法及其特点[J]. 天津理工学院学报，2000，16（4）：39-41.

[160] 史冬岩，张亮，张成，等. 冲击载荷作用下预紧力螺栓强度特性研究[J]. 船海工程，2012，41（2）：166-169.

[161] 赵刚. 基于CATIA的尼龙螺栓设计仿真研究[J]. 机电技术，2015（4）：72-74.

[162] 国家技术监督局. 紧固件机械性能　螺栓、螺钉和螺柱：GB/T 3098.12—1996. [S]. 中国标准出版社，2000.

[163] 徐弘毅，张晨辉. 基于塑性材料模型的滚动轴承有限元分析[J]. 机械工程学报，2010，46（11）：29-35.

[164] 陈少林. 柴油机气缸盖动态响应分析研究[D]. 太原：中北大学，2011.

[165] 胡丹. 驾驶员手部骨骼肌肉生物力学建模研究[D]. 长春：吉林大学，2014.

[166] 国家质量技术监督局. 2型六角螺母：GB/T 6175—2016. [S]. 北京：中国标准出版社，2016.

[167] 姬昆鹏. 冲击载荷下覆冰架空输电线路动力响应研究[D]. 北京：华北电力大学，2016.

[168] 严导淦. 流体力学中的总流伯努利方程[J]. 物理与工程，2014，24（4）：47-53.

[169] FRIBERG G，PIETSCH G J. On the description of pressure rise due to high current fault arcs in metal-enclosed compartments[C]. Proceedings of the 11th international conference on gas discharges and their applications，Tokyo，Japan，1995：18-21.

[170] BOHL W，ELMENDORF W. Technical fluid mechanics（in German）[M]. Wurzburg：Vogel Buchverlag，2008.

[171] MASSEY B. Mechanics of Fluids[M]. London：Stanley Thornes Ltd.，1979.

[172] 周乃君. 工程流体力学[M]. 北京：机械工业出版社，2014.

[173] HOLLAND J H. Adaptation in natural and artificial systems[M]. Cambridge，MA：MIT Press，1992.

[174] 郑强. 带精英策略的非支配排序遗传算法的研究与应用[D]. 杭州：浙江大学，2006.

[175] 杨淑莹. 模式识别与智能计算：MATLAB技术实现[M]. 2版. 北京：电子工业出版社，2011.

[176] 叶承晋，黄民翔，陈丽莉，等. 基于并行非支配排序遗传算法的限流措施多目标优化[J]. 电力系

统自动化，2013，37（2）：49-55.

[177] 吴锋，周昊，郑立刚，等. 基于非支配排序遗传算法的锅炉燃烧多目标优化[J]. 中国电机工程学报，2009，29（29）：7-12.

[178] SRINIVAS N，DEB K. Multi-objective function optimization using non-dominated sorting genetic algorithms[J]. Evolutionary Computation Journal，1994，2（3）：221-248.

[179] 林露. 基于非支配排序遗传算法的换热网络多目标优化[D]. 杭州：浙江工业大学，2013.

[180] DEB K，PRATAP A，AGARWAL S，et al. A fast elitist multi-objective genetic algorithm: NSGA-II[J]. IEEE Transactions on Evolutionary Computation，2002，6（2）：182-197.

[181] 赵小冰. 单目标_多目标遗传算法的研究[D]. 天津：天津理工大学，2011.

[182] STEPHAN P，MARTIN H，KABELAC S，et al. VDI Heat Atlas[M]. Berlin Heidelberg：Springer-Verlag，2010：1076-1090.

[183] BEZIEL D，STEPHAN D. Turbulenter wärmeübergang und druckabfall an einzelnen rohrreihen und dreireihigen rohrbündeln im querstrom[J]. Chemie Ingenieur Technik，1991，63（5）：508-509.

# 后　记

高压开关柜内部短路燃弧爆炸产生的冲击效应会对设备、建筑物以及工作人员的安全带来严重威胁。目前，开关柜内部短路燃弧引起的压力效应研究主要以型式试验为主，而型式试验仅能对柜体的可靠性进行定性校核，且耗费的人力、物力较大。因此，从仿真计算角度研究开关柜内部短路燃弧压力效应等问题具有重要的现实意义。

本书提出了开关柜内部短路燃弧压力升的计算方法，将复杂电弧等离子体等效为热源，根据 $k_p$ 因子建立了基于电弧能量热等效的计算模型，通过温度-流体场耦合求解，可获得柜体内部的压力升分布；搭建了小尺寸封闭容器内部短路燃弧模拟试验平台，通过实测压强数据，验证了仿真算法的准确性；提出了零部件规则化和隔室等容积替代模型简化方法，研究了不同隔室发生燃弧爆炸时的压力升分布规律，并分析了泄压通道的泄压效率；根据现有泄压通道存在的不足，提出了泄压通道改进设计方法，采用 NSGA-II 算法对泄压通道的相关参数进行了优化设计，通过仿真计算对优化方案的可行性进行了验证；为了减弱高温高压气流对周围环境的影响，提出了基于金属网格能量吸收器的热-力效应防护方法，并通过仿真验证了该方法的有效性。本书取得的研究结论归纳如下。

（1）通过观察实际开关柜内部三相短路燃弧爆炸的试验现象，发现：泄压盖开启前主要以压力效应为主，热效应仅在燃弧末期影响较大。根据压力效应和热效应影响阶段的差异性，提出了基于电弧能量热等效的压力升计算方法，对该方法所涉及的相关理论进行了详细阐述。对冲击波的基本理论和形成机制进行了介绍，推导了冲击波的兰金-于戈尼奥方程。在此基础上，分析了壁面对冲击波的反射叠加效应，结果表明：冲击波在壁面附近的压强可增大为原来的 2～8 倍。

（2）封闭容器内部弧压曲线随压强的增大波动幅度加剧，燃弧后期的波动程度大于燃弧前期。弧压有效值随压强的增大而增大，随电弧电流和间隙距离的变化随机性较大。由于电弧能量的剧烈变化以及压力波的反射、叠加等因素的影响，容器内部压力升的数值波动较大，但波形的整体变化规律与电弧功率一致。压力升随电弧能量的增大而增大，两者呈线性关系。本书提出了 $k_p$ 的计算方法，分析了 $k_p$ 随电弧能量和间隙距离的变化关系，发现：当电弧能量较大时，间隙距离、电弧能量和容器形状对 $k_p$ 的影响较小，容器内部电弧释放的能量约有 45% 用于使容器内部的压力上升。通过对比压力升计算值与测量值，发现两者仅相差 2.7% 左右，验证了本书提出的计算方法的有效性。计算了不同电弧尺寸下容器内部压力升的分布规律，结果表明：电弧尺寸对开关柜内部短路燃弧爆炸压力升分布规律的影响较小，实际可根据需要对电弧尺寸进行近似选择。

（3）短路燃弧爆炸主要发生在电缆室、断路器室和母线室中，各隔室弧压的大小顺序为：母线室＞断路器室＞电缆室，母线室的弧压远大于其他两个隔室。母线室、断路器室和电缆室电弧电位梯度的平均值分别约为 185 V/cm、115 V/cm 和 119 V/cm，由于压强和气流的影响，该值远大于开放环境中短路燃弧爆炸的弧压值。仿真时间步长分别为 1 μs、0.5 μs 和 0.2 μs 时，隔室内部的压力升分布差异较小，但为了提高计算效率并保证求解精度，推荐开关柜内部短路燃弧压力升计算的时间步长采用 0.5 μs 和 1 μs，即燃弧初期计算时间步长采用 0.5 μs，当柜体内部的压力升分布差异较小后增大为 1 μs；迪过对比零部件规则化替代和隔室等容积替代简化模型压力刀分布的差异，发现采用零部件规则化和隔室等容积替代混合模型计算获得的压力升分布与原始模型基本一致，在保证计算精度的前提下，计算时间可缩短 54.39%左右。

（4）开关柜内部短路燃弧过程与爆炸现象类似，气体热浮力的影响可忽略不计，隔室内部压力升的最大值主要位于壁面和拐角处。开关柜内部短路燃弧产生的压力波呈弱冲击波特性，并不会形成典型空气爆炸冲击波的强度；在隔室壁面附近和拐角处，压力波的反射与叠加效应使壁面附近的压强增大了 1～3 倍。壁面附近压强曲线的波动程度与距电弧的远近有关，距电弧较近的位置压强变化受电弧功率的影响较大，距电弧较远的位置压强变化受压力波的反射与叠加效应影响较大。电缆室、断路器室和母线室泄压盖的开启压力分别约为 12.94 kN、14.1 kN 和 32.5 kN，对应的开启时刻分别为 7.4 ms、3.8 ms 和 2.8 ms；当电缆室、断路器室和母线室泄压盖的开启角度分别超过 30°、10°和 30°时，可确保柜体的安全，但母线室隔板的耐压强度与柜门相比安全裕度较小，破裂的风险较大，需对其采取相关加固措施。

（5）针对开关柜泄压通道存在折叠翻转式泄压盖的开启阻力较大、对高温高压气流无有效引导等不足，提出了在柜体顶部安装缓冲室和引弧通道的泄压通道改进设计方法。结合 SCM，推导了考虑泄压口的压力升一维简化算法，并与本书提出的 CFD 法进行了对比，结果表明：SCM 仅能反映隔室内部平均压力升的大小，无法反映局部的差异，在泄压盖开启条件下，获得的压强结果与 CFD 法差异较大。利用 NSGA-II 算法，结合考虑泄压口的 SCM 推导，对改进泄压通道的相关参数进行了优化设计，得到缓冲室和引弧通道的最优设计体积约为 2.391 m³。泄压通道改进后，泄压盖的开启时刻由原来的 7.4 ms 缩短至 5.3 ms。改进泄压通道的泄压效率达 72%，与原设计方案类似，但柜门所受的压力峰值减小了 34%左右，泄压效果优于原设计方案，证明了改进方案的可行性，且在电弧能量有所偏差时，仍具有较好的泄压效果，实现了改进泄压通道与开关柜柜门的最优压力配合，可最大限度地减少开关柜内部短路燃弧爆炸的影响，研究成果可推广至其他电压等级的高压开关柜。

（6）考虑到高温高压气流通过泄压通道流出过程，可能会对周围设备、建筑物和工作人员造成危害，提出了金属网格能量吸收器的热-力效应防护措施，并分析了相关参数的影响。泄压口附近安装金属网格能量吸收器后，泄压口气体的流速和温度相比无金属网格能量吸收器时，均明显降低；金属网格能量吸收器交错排列时的防护效果更好，燃弧过程中，采用交错排列的金属网格能量吸收器的吸热效率为 1.56%，相比方形排列高 11%左右。金属网格排列方式、网格条直径、网格层数、网格横节距比及能量吸收器放置位置对开关柜内部燃弧的防护效果影响较大，而网格纵节距比的影响较小；金属网格能量吸收器距泄压口越近，其平均流速越大，所引起的流动阻力和能量吸收越高，对热-力效应的防护效果越好。

开关柜内部短路燃弧引起的热-力效应造成的危害较大，通过仿真计算研究该问题对缩短研究周期、减少人力物力浪费具有重要意义。本书围绕短路燃弧热-力效应这一问题开展数值仿真研究，取得了一些研究成果，为进一步开展开关柜内部短路燃弧热-力效应试验及其防护研究奠定了基础。鉴于作者水平和研究时间的限制，仍有以下问题需要进一步开展相关研究。

（1）本书重点对短路燃弧引起的压力效应进行了分析，但温度效应的影响同样不容忽视，后续可针对热效应开展系统研究，从而综合评估短路燃弧产生的危害。

（2）本书对小尺寸容器内部短路燃弧压力升开展了试验研究，但与实际开关柜在电弧能量、模型结构等方面仍有较大的差异。后续可利用缩比模型研究开关柜内部短路燃弧热-力效应的可行性，建立系统、完整的缩比理论，给出缩比模型的实现方法及流程，从而减少大型试验带来的人力及物力浪费。

（3）现有计算方法未考虑泄压盖的动作过程，后续可建立考虑泄压盖运动特性的仿真计算模型，从而获得更为准确的隔室压力升分布。

（4）本书热转换系数 $k_p$ 通过封闭容器模拟试验分析获得，将其直接应用于实际开关柜可能存在一定的误差，后续可开展不同电压等级、不同类型的高压开关柜内部短路燃弧试验，通过分析电弧参数、压力升、泄压盖开启过程等因素，获得 $k_p$ 的变化规律，并进一步验证泄压盖开启时间计算的准确性和泄压通道改进设计的有效性。

（5）针对金属网格能量吸收器对热-力效应的防护效果仅通过仿真计算进行了验证，后续可开展实际开关柜内部短路燃弧试验，通过试验测量金属网格能量吸收器的能量吸收和流体阻力，并给出现场应用方案。